상위 1퍼센트
자녀교육의 비결

세계 부자 150명이
실천하고 있는
내 아이의 부자 수업

상위 1퍼센트
자녀교육의 비결

조디 쿡 · 대니얼 프리스틀리 지음 | 정미나 옮김

유노
라이프
LIFE

성공하는 자녀를 만드는 부모의 자세

어린 시절부터 도전을 받아들일 준비가 된 아이들이 있습니다. 이런 아이들은 도전을 받아들일 자세와 실력도 갖췄고, 자신에게 잘 맞는 기회를 알아볼 줄도 압니다. 자신이 가는 길에 삶이 무엇을 던져 주든 이겨 낼 준비가 되어 있고, 다루어 낼 자신도 있지요.

이런 아이들은 적극적인 지지와 도전 의식 자극, 올바른 격려와 훈육, 학습과 경험 사이에서 균형을 잘 잡아 준 부모나 보호자를 둔 운이 좋은 아이들입니다. 아이들의 부모는 때로는 멘토가 되어 주고, 또 때로는 코치가 되어 세상을 이해하게 도와주며, 삶을 잘 헤쳐 나갈 길잡이로 굳건한 원칙을 심어 주기도 했을 것입니다.

앞으로 성공적인 미래가 펼쳐질 아이는 자연스럽게 '기업가처럼' 사는 '기업가 정신' 개념을 그 어느 시대보다 많이 접하며 자랄 것입니다. 기업가 정신이란 창의력, 공감력, 의사소통 능력, 문제 해결력, 경제력을 갖추는 것과 기회를 포착하고 그 기회를 자신 있게 실행에 옮기는 행동력 등을 말합니다. 부모가 아이에게 기업가 정신과 관련된 역량을 갖추도록 키우면, 설령 아이가 창업을 하거나 사업을 성장시키는 일을 하지 않는다 해도 더 나은 삶을 살아가는 데 도움이 되며, 미래에 아이 스스로 기회를 찾아가도록 길잡이가 되어 줄 것입니다.

사다리를 잃은 시대에 필요한 자녀교육

예전에는 아이를 키우는 방법이 간단했습니다. 예절을 알려 주고, 학교에 보내 읽기, 쓰기, 수학 등을 가르치고, 면접을 보러 갈 때는 어떻게 입어야 하고, 악수할 때는 눈을 맞추며 손을 꼭 잡고 해야 한다는 등의 처세술을 알려 주는 정도였지요. 진로가 확실했고 웬만해서는 고향을 떠나지 않았으며 젊은 나이에 일찌감치 결혼해 주택 담보 대출을 받아 생활했습니다. 자신이 몸담은 업계의 급격한 변화를 걱정할 필요가 없었던 시절에는 이 정도의 기본만 익혀도 적당했지요. '사다리를 밟고 설 만큼' 아이를 키워 놓으면 아이가 혼자서 척척 디딤대를 오를 수 있기 마련이었습니다.

아이들은 안정적 제도 내에서 방향을 잃을 일 없이 성장했습니다. 인터넷이 발달하기 전의 시대에는 대다수 아이가 다른 사람이 어떻게 사는지 잘 모르는 채로 자랐지요. 성공의 기준도 단순했습니다. 좋은 성적을 받아 좋은 직장에 취직하고 자기 짝을 찾고 대출을 받아 집을 사고 아이를 낳아 키우며 별 탈 없이 살면 되었지요. 이런 공식을 따라 살면 대체로 성공한 사람이었습니다. 보통의 삶을 살면서 친구들과 가까이 모여 살았고, 자신을 비교해 볼 대상도 사회생활 반경 내 100명 정도에 불과했지요.

현재는 어떤가요? 자신의 성공을 확신하며 자신의 성취에 만족스러워하는 아이를 키우기가 쉽지 않습니다. 요즘의 산업계는 끊임없이 바뀌며, 대도시를 중심으로 기회가 집중되면서 소도시에는 마음을 끌 만한 요소가 별로 없습니다. 주택 가격은 평균 임금의 15~20배에 이릅니다. 아이는 자라서 전 세계 곳곳에서 온 사람과 뒤섞여 사회생활을 시작할 것이고, 아주 복잡한 문제에 부닥칠 것이며, 해고를 당하기도 하고, 때로는 친구와 소원해지기도 할 테니, 이런 급변하는 시대에는 순발력을 동원해 헤쳐 나가야 할 것입니다.

오늘날의 아이들은 인터넷으로 유명인과 억만장자의 삶을 익숙히 접하다 보니 개인 전용기와 페라리를 타고 다니고, 세계 여러 곳에 몇 채의 집을 소유하고 있는 사람을 동경하기 십상입니다. 그러한 과시물을 어떻게 성취하였고, 그 정도로 성공하는 경우가 얼마나 드문 일인지는 잘 알지 못하는 채로 말입니다. 아이는 지구 어디에 사는 누구든, 가장 재능 있고 예쁘고 운 좋은 또래와 자신을 비교할 수도 있습니다. 그래서 세상을 어떻게 헤쳐 나가야 할지, 가치 있는 목표를 어떻게 세우고 추진해야 하는지 잘 모르는 채로 억울함과 무력감을 느낄 수 있습니다. 심하면 우울증에 빠질 위험마저 있지요.

이토록 새롭고 복잡한 세상은 부모에게도 도전 과제를 주고 있습니다. 끊임없이 변화하는 이 시대에 아이가 사회에 잘 적응하도록 준비시키려면, 부모는 도대체 어떻게 해야 할까요? 상충하는 생각, 문화, 기회, 기대치가 한데 뒤섞인 용광로 속으로 던져질 아이에게 무엇을 알려 줘야 할까요?

상위 1퍼센트 부자들이 주목하는 미래 역량

확실한 것은 학교 제도가 부모를 대신해 이 문제를 해결해 주진 않을 것이라는 점입니다. 학교는 지금껏 줄곧 가르쳐 왔던 똑같은 과목에 주력할 것입니다. 영어, 수학, 미술, 지리, 역사, 과학, 음악, 종교 등이 여전히 아이가 학교에서 배울 내용의 대부분이지요.

물론, 기업가형 선생님도 있긴 하겠지만, 상당수가 대학 졸업 후 곧바로 학교에서 일했겠지요. 선생님이 회사를 창업해 성공적으로 키운 경험이 있을 리 만무합니다. 학교에서 협상, 영업, 마케팅, 재무, 피칭(pitching, 짧은 시간에 자신의 재능과 끼, 아이디어를 투자자와 기업에 효과적으로 설명하고 이해시키는 방법-옮긴이), 상품 창작, 전략적 합작 투자와 같은 역량을 가르친다해도 진짜 비즈니스적 관점에서 알려 줄 수 있는 것이 아닙니다.

따라서 부모로서 해야 할 일은 학교에서 가르쳐 주지 않는 역량을 조심스럽게 접하게 해 주는 것입니다. 그렇다고 해서 아이에게 사업을 운영하거나, 사람을 고용하거나, 투자자 앞에서 피칭을 하게 할 필요는 없습니다. 아이로 사는 것 자체도 이미 충분히 스트레스가 많은 일이니까요.

다만, 이 책에서 권하고 싶은 방법은 다음과 같습니다. 바로 아이에게 기업가처럼 사는 기회를 접하는 것입니다. 일, 돈의 세계를 기업가의 관점으로 들여다보는 시각을 공유해 주세요. 그러면 아이가 자본주의 세상을 맞이할 준비가 더 잘 갖추어질 것입니다.

이 책에는 기업가로 성공한 150명의 부모가 실제로 자녀에게 어떤 교육을 했는지 보여 주는 사례가 실려 있습니다. 사례 속 교육법은 어렵지 않고 간단합니다. 일을 재미있는 활동인 것처럼 설명하기, 아이에게 온라인으로 장 보게 하기, 집안일을 한 대가보다는 중요한 결과를 낸 것의 보상으로 용돈 주기, 반려동물을 사 달라는 아이에게 파워포인트 슬라이드로 발표하게 하기 등이 있습니다. 대부분 재미있고 가치 있는, 간단한 아이디어이지요. 특히 기업가로 성공한 상위 1퍼센트 부자들이 주목한 자녀교육의 비결인 기업가 정신에 대해 주로 이야기하고 있습니다.

자유로운 사고방식 심어 주기

아이에게 긍정적이고 자신감 있고 임기응변력 있는 사고방식을 키워 주는 데 유용한 실제 사례를 들려줍니다. 이런 사고방식은 함께 만들어 나가는 일련의 가치관과 아이가 자기 방식대로 삶과 미래의 진로를 취하도록 도와줄 도구에 바탕을 두고 있습니다. 무엇보다 이 책에서 말하는 기업가 정신의 결정적 특징은 자유입니다. 자신의 시간을 어떻게 보내고, 그 시간을 누구와 보낼지 스스로 결정하는 자유 말이지요. 1장에서는 아이에게 무엇이든 가능하다는 것뿐만 아니라, 무엇이든 다 자신의 통제권 안에 있다는 것도 가르치도록 도와줄 것입니다.

기업가 정신과 연계된 신념과 가치관을 심어 주는 일은 단지 사업하는 차원으로만 그치는 문제가 아닙니다. 가치 있는 무엇인가를 만들어 내거나, 어떤 상황에 긍정적 파격을 일으키거나, 협력을 통해 어떤 결과를 이끌어 내거나, 자신만의 방식으로 돈을 버는 등 여러 기회를 의식하게 해 주기도 하지요. 직업의 세계를 참고 견뎌야 하는 것으로 여기기보다, 일이 재미있고 창의적이며 보람 있는 활동이 될 수 있음을 이해시켜 주기도 합니다.

성공의 기술 알려 주기

일단 기업가형 사고방식이 세워지고 나면, 그다음에는 기업가로 성공하기 위해 필요한 기술을 키워 주고 있는 여러 부모와 보호자의 사례를 함께 살펴볼 것입니다. 2장에서는 아이디어 생각해 내기, 사업을 운영하는 방식 엿보기, 체계 세우기, 목표 수립 및 추진뿐만 아니라 피칭, 설득, 다른 사람과의 협력 등의 기술을 살펴볼 것입니다. 이런 기술을 가르치는 일을 어렵게 생각할 필요가 없습니다. 부모와 자녀가 일상생활 속에서 쉽게 연습할 수 있습니다.

아이에게 피칭, 마케팅, 상품 판매, 회계, 서비스, 협상, 리더십 같은 기술을 키워 볼 기회를 마련해 주면, 아이가 무슨 일을 하건 삶을 변화시키게 될 것입니다. 아이를 상위 1퍼센트로 키우려면 좋은 성적을 받으려고 학업에만 치중하기보다는, 일상생활에서 쓰이는 실제 활용 가능한 기업가형 역량을 길러 주는 것이 중요합니다.

다가오는 기회를 잡는 법

3장에서는, 부모가 몸담고 있는 직장, 부모의 일, 인맥을 최대한 활용해 아이가 같이 나서서 기업가처럼 행동해 보는 연습을 해 볼 방법을 알려 주려 합니다. 값진 학습의 기회를 만들기 위해서는 높은 자리에 있는 지인이나 큰돈이 있어야 하는 건 아닙니다. 그냥 기회를 찾아내는 요령만 알면 되지요.

실제 사례를 들어 부모나 보호자가 아이에게 자신이 새로 익힌 기량을 발휘하면서 돈을 벌고, 기회를 붙잡으며, 세상에 창의적인 무엇인가를 내놓을 기회를 마련하는 법을 소개합니다. 아이를 꽁꽁 싸매고 있기보다, 아이에게 현실 세계의 교훈을 가르쳐 줄 만한 경험을 접하는 것만으로도 아이가 새로운 시대를 이끌 방법을 알려 줍니다.

최고의 멘토링은 부모로부터

기업가는 사업의 어느 단계에서든 코치나 멘토의 지도를 통해 득을 볼 수 있습니다. 코칭은 답을 찾으면 답이 있기 마련이라는 전제에 바탕을 둡니다. 부모는 코치나 멘토가 되어 꼭 답을 말해 주지 않고도 아이가 임기응변하는 행동을 취하도록 이끌어 줍니다. 4장의 목적은 아이가 스스로 자신의 갈 길을 선택하고 최선의 결정을 내릴 수 있도록 독립성과 자립성, 비판적 사고력을 키워 주려는 데 있습니다. 부모가 아이에게 솔선수범을 보이고 격려하며 상황의 전후 맥락을 살피도록 질문을 던져 주는 식으로 듬직한 멘토가 되어 줄 여러 방법을 자세히 소개하겠습니다.

아이가 직접 무엇인가를 창안하거나 거래를 성사시키거나, 사업을 성공적으로 일군 기업가를 만나 보고 기업가에 대해 배우도록 도와주는 것도 한 방법입니다. 아이에게 성공한 기업가 롤 모델을 접하게 해주면, 아이는 오래도록 각인될 깊은 인상을 받으며 '이 사람이 이렇게 성공했다면 나도 그런 삶을 살아보자'라는 태도도 가질 수 있습니다.

부모가 아이에게 이러한 역량을 키워주면 아이가 커서 멋진 커리어를 쌓거나, 획기적인 사업을 벌이거나, 중요한 문제를 적절히 해결하는 데 결정적인 역할을 할 수도 있습니다. 다만, 아이가 연령에 따라 받아들이는 정도가 다를 수 있습니다. 가령, 나이가 어린 네 살 배기라면 크게 생각하기, 다른 사람을 도와주고 보상받기, 무엇인가에 돈을 지불하기 같은 기본적인 개념에 잘 반응합니다. 10대라면 온라인으로 물건을 팔거나 동네에서 간단한 아르바이트를 하거나 소상공업체의 인스타그램 계정 개설을 도와주면서 돈을 벌어 보는 등 도전 의지를 자극해 주면 창의력의 불꽃을 번뜩이기도 합니다.

결국, 기업가형 인재를 키우는 더 큰 그림은 스티브 잡스(Steve Jobs)나 일론 머스크(Elon Musk)가 되도록 밀어붙이는 것이 아닙니다. 중요한 것은 아이가 자라면서 자기 조절력을 키우도록 돕는 것입니다. 아이가 자신에게 맞는 목표를 세우고, 목표를 추진할 힘과 더불어 선택할 힘, 방향을 바꿀 힘도 가졌다고 느끼는 일이 중요합니다. 이러한 생각과 역량은 아이가 무엇을 하기로 선택하든 간에 아이에게 큰 도움을 줄 것입니다.

혹시 아이가 기업가처럼 조직의 리더로 사는 것에 대해 생각해 본 일이 있습니까? 개인으로서뿐 아니라 지금의 세상에는 훌륭한 인재가 필요합니다. 따라서 아이가 자신감 있고 진취적인 역량을 갖추도록 키우는 것은 부모가 세상을 위해 할 수 있는 가장 중요한 일일지도 모릅니다.

아이를 부자로 만드는 일은 아이를 기업가로 만드는 것이 아닙니다. 아이가 복잡한 문제의 해결력을 갖추고, 다른 사람들까지 생각할 수 있는 자세를 만들어 주는 마인드에 관한 일입니다. 날이 갈수록 여러 가지 어려운 결정에 직면하고 있는 지금의 세계에는, 아이에게 이러한 준비가 그 어느 때보다 절실히 필요합니다.

성장형 사고방식으로 자라는 아이

이 책에는 두 저자의 부모님의 교육법과 사례뿐만 아니라 수백 명에 이르는 다른 기업가, 비즈니스 리더, 다양한 부모의 경험담도 담겨 있습니다. 유명 기업가의 어린 시절 이야기도 들을 수 있습니다.

각 장마다 기업가형 인재를 키우는 다양한 양육 방식과 더불어 시도해 볼 만한 사례와 아이디어를 함께 소개합니다. 자기 자신에 대해서나, 자신의 재능과 잠재력에 대해 어떻게 보느냐는 단순한 몇 마디 말과 코칭 기법으로도 틀이 잡힐 수 있습니다.

각각의 아이디어는 여러분의 아이에게 적절한지를 판단해서 적용하면 됩니다. 같은 연령대라도 아이마다 능력과 이해도에는 큰 차이가 나니까요. 아이에게 적용시키기에 아직 준비가 되지 않은 사례가 나오면, 나중에 다시 참고하기 위해 따로 메모를 해 두십시오. 실력의 차이는 나이나 연령의 차이에 따른 것일 수도 있으니, 고난도의 방법은 아이의 나이에 맞추어 적절히 적용하기를 권합니다.

이 책에서 알려 주는 방법이 바로 효과를 보이지 않을 수도 있습니다. 그것보다 아이가 이것저것 물으며 문제를 해결해 나가면서 자신의 길을 꾸준히 진전시키는 징표를 보는 일이 더 중요합니다. 아이가 '고착형 사고방식'에서 '성장형 사고방식'으로 변해 가는 모습을 보기 바랍니다. 아이가 자신감을 얻고, 창의력이나 자립성, 열정의 불꽃을 키워 가는 모습을 감지하기를 바랍니다. 부모에게 불만과 투정은 줄고 순간적으로 더 많은 깨달음을 얻는 모습을 목격하게 될 수도 있습니다. 또는 아이의 변화가 미진해서 아이가 도전 의식을 자극받는데 곤혹스러워지는 순간이 올지도 모릅니다. 이런 모습은 아이가 예전에 어떠했든 간에, 앞으로 행복하고 성공적인 미래를 위한 자질을 더 잘 갖추어 가고 있음을 암시하는 특징입니다. 아이가 무엇이든 자신이 원하는 미래를 충분히 실현할 수 있을 만한 능력을 갖추어 간다는 것이니, 너무 걱정하지 말고 이 책의 방법대로 따라 오시길 바랍니다.

조디 쿡, 대니얼 프리스틀리

· 차례 ·

1장
무엇이 자녀를
상위 1퍼센트로 만들까

2장
상위 1퍼센트
자녀로 키우는 기술

3장
상위 1퍼센트 부모의 차이 나는 생각

4장
자녀에게 물려 주는
평생의 성공 습관

1

무엇이 자녀를
상위 1퍼센트로
만들까

—

Innovation distinguishes between a leader and a follower.

혁신은 리더와 추종자를 구분하는 잣대입니다.

스티브 잡스
Steve Jobs, 애플의 창업주

여섯 살도 안 된 아이 셋을 키우다 보면 조용할 때가 드뭅니다. 텔레비전이 크레용 범벅이 될 지경은 아닌지, 한 아이가 계단에서 썰매를 타다가 다른 아이를 치는 사고라도 낼 만한 상황은 아닌지 등을 수시로 살펴야 하지요. 잠시 조용한가 싶다가도 한 아이가 자기가 만들어 놓은 것이 엉망이 되면 빽빽대며 짜증을 부리기 마련입니다. 아이가 기껏 쌓아 올린 탑이 와르르 무너지거나, 공들인 예술 작품이 엉망진창이 되어 버리거나, 모형 열차가 탈선되는 참사가 일어나면 금세 소란이 벌어지지요.

"에단이 내 레고 탑을 쓰러뜨렸어!"라는 소리에 어떤 상황인지 살펴보러 가 보니 레고가 잔해 더미로 변해 있었습니다. 그때 저는 다섯 살짜리 아이에게 "있잖아, 레고는 쌓아 올리는 게 재미잖아? 무너지면 또 쌓으면 되지. 해 보면 훨씬 더 재미있을걸"이라고 말해 주었습니다. 그 말에 아들은 싱긋 웃으며 공감했지요. 레고의 재미는 탑을 쌓는 것이지, 탑을 가지고 있는 게 아니라는 점을 이해한 것이지요.

몇 주 후에 놀라운 영향을 목격했습니다. 아들이 레고를 조립하고 있는데, 남동생이 그것을 깔아뭉개 기껏 공들여 조립해 놓은 레고를 죄다 흐트러뜨려 놓았습니다. 그런데 그때 제가 나서서 유도해 주지 않았는데도 아들이 알아서 동생에게 미소를 지어 보이며 "고마워. 다시 조립할 수 있게

　　　　　1장 · 무엇이 자녀를 상위 1퍼센트로 만들까

됐네. 좀 도와주지 않을래?"라고 말하는 것이었습니다. 아이들은 같이 레고 블록 쌓기에 몰입했지요. 사소한 사고방식의 변화가 아이에게 중요한 영향을 미치면서, 아이는 투정을 부리기보다 자기가 좋아하는 활동을 다시 시작한 것이지요.

이 생각은 단순하지만 실생활에 효과적입니다. 우리는 살아가는 내내 붕괴를 겪습니다. 10여 년에 한 번 꼴로 경기 침체, 팬데믹, 자연재해, 기술 격변, 정치적 대전환 등 누구도 예상치 못한 사회적·경제적 붕괴가 일어나고 있습니다. 어디 그뿐인가요? 저마다의 개인적 삶 속에서도 잘 세워 둔 최상의 계획을 뒤엎을 만한 일들이 벌어집니다. 집안에 아픈 사람이 생기기도 하고, 직장 때문에 다른 도시로 이사를 가거나, 가족 중에 누가 세상을 떠나거나, 이직이나 사업 실패를 겪거나, 이혼을 하거나, 몸이 다치는 등의 불상사를 겪기도 하지요.

제가 만나 봤던 사람 중에도 10년이나 20년 전에 일어났던 일에서 여전히 헤어 나오지 못하는 사람이 더러 있었습니다. 언젠가 만났던 한 남자는 사업을 좌절시켰던 개인적 불행을 털어놓으면서 공포로 몸이 굳어 덜덜 떨기까지 했지요. 사업이 술술 잘 풀리고 있다가 아버지가 병이 나고 아내도 곁을 떠나 버려 1년도 채 못 돼서 사업이 망했다고 합니다. 이 불행사를 두고 얘기를 나눈 지 10분이 지나서야 알게 되었지만, 그 일은 벌써 12년이나 지난 일이었지요.

반대의 경우도 있습니다. 제가 아는 어떤 남자는 주말에 몸이 아파서 병원에 갔다가 의식을 잃었고, 나중에 깨어 보니 뇌 수막염으로 목숨을 잃을 위기를 넘기기 위해 사지가 모두 절단되어 있었다고 합니다. 몇 개월이 지났을 때, 남자는 이 일이 이제껏 자신에게 일어난 가장 중요한 사건일지 모른다는 생각에 몰두하게 되었습니다. 그 뒤로 책을 쓰고 사업을 시작하며 전 세계를 여행했고, 아주 멋진 여성과 약혼도 했지요. 그는 제 앞에서 이렇게 넉살을 떨기도 했습니다.

"예전엔 다른 형제들과 똑같이 따분한 일에 매달려 살고 있었어요. 그런데 이제는 세계 곳곳을 누비며 굉장한 모험을 즐기고 있죠. 형제들도 이제는 팔과 다리를 다 내주고라도 지금의 저처럼 살고 싶어 할걸요"

삶이란 예기치 못한 순간에 희망과 꿈을 무너뜨리는 사건들로 수두룩합니다. 따라서 몇 년에 한 번씩 예기치 못한 일로 큰 혼란을 겪을 것을 예상하는 것이 현실적입니다. '재미는 쌓아 올리는 것이지, 가지고 있는 게 아니다'라는 사고방식은 아이뿐만 아니라 어른에게도 유용할 수 있습니다.

어린아이의 부모나 보호자로서 당신은 아이가 살아가는 데 도움이 될 만한 사고방식을 심어 줄 힘을 가지고 있습니다. 당신이 어떻게 하느냐에 따라 아이에게 피해 의식을 가르칠 수도, 통제감을 가르칠 수도 있습니다. 타고난 운명은 벗어나지 못하는 것이라고 가르칠 수도, 자유롭게 자신의 환경을 바꿀 수 있다고 가르칠 수도 있습니다. 세상은 자원이 희소해서 불안과 절망으로 가득한 곳이라고 가르칠 수도, 세상은 풍요로워서 승리와 변화의 여지가 넘쳐 나는 곳이라고 가르칠 수도 있지요.

아이가 세상을 바라보는 방식은 아이의 사고방식에 따라 좌우됩니다. 아이의 뛰어난 사고방식을 키우기 위해 상위 1퍼센트 기업가들이 추구했던 방법을 추천하는 이유입니다. 기업가는 독특한 사고방식을 갖고 있습니다. 문제를 기회로 보고, 복잡한 문제와 난관을 자신을 보호해 주는 '진입장벽'으로 보며, 자원을 임기응변력의 발휘 요소로 바라보는 경향이 있습니다. 또한 자신이 원하면 대체로 상황을 바꿀 수 있다고 여기는 편입니다. 세상을 단순히 있는 그대로만 생각하는 고착된 사고가 아니라, 세상이 더 나아질 수 있다는 열린 생각을 갖고 있지요.

1장을 읽어 보면 알게 될 테지만, 아이에게 도움이 될 태도와 신념을 강화시켜 줄 방법은 많습니다. 아이의 사고방식이 자율성, 낙관성, 회복력, 용기 쪽으로 기울도록 의도적으로 틀을 잡아 주면 장기적으로는 물론이요, 심지어 지금 당장도 그만한 보람을 느낄 수 있을 것입니다. 앞으로 아이를 위해 실패를 재구성하거나, 짧은 말의 신조나 격언을 활용해 유용한 생각을 북돋아 주거나, 아이가 큰 꿈을 꾸며 도전해 보도록 이끌어 준 부모들의 사례를 참고해 보기 바랍니다.

아이를
협상가로
만드는 기술

아이가 뭘 해 달라고 조를 때에는 마음을 바꾸거나 처음의 대답을 뒤집는 행동을 해선 안 된다는 것이 사회적 통념입니다. 그런 식으로 말을 들어주다간 아이가 당신과 협상이 가능하다는 것을 배운다는 논리이지요. 그런데 아이가 자기 마음에 들지 않는 결정을 바꿀 수도 있겠다는 자신감을 갖는 것이 그렇게 나쁜 일일까요? 아이를 엄하게 단속해야 한다는 생각에 단호하게 나가고 싶은 마음이야 이해하지만, 별개로 생각해 볼 문제가 있습니다. 지구상에서 가장 성공한 기업가 중에는 협상의 대가도 있다는 사실 말입니다.

뛰어난 기업가는 주장을 더 설득력 있게 가다듬어서 자신의 마음에 들지 않는 결과를 바꿀 수 있다고 자신합니다. 그러니 아이의 협상 기술을 키워 주기 위해 다른 접근법을 취해 볼 만합니다. 아이에게 말을 예쁘게 하면서 더 말이 되는 얘기로 자기주장을 펼치면, 처음과는 다른 대답을 들을 수 있다고 이야기해 주면 더 자율적인 사고방식을 심어 줄 수 있지요.

흔히, 실패는 부정적 관점으로 바라보는데, 기업가는 실패를 흥미로운 관점으로 대합니다. 대체로 기업가는 실패를 성공의 필수 요소로 여기지, 영영 끝장났다거나 타격이 오래갈 것으로 여기지 않습니다. 오히려 교훈을 얻어 방향 전환을 꾀할 수 있게 빨리 실패해 보길 바랍니다.

보조 바퀴 없이 자전거를 배우는 경우를 예로 들어 봅시다. 자전거 타는 기술을 익힐 기회일 뿐만 아니라, 수많은 상황에서 꺼내 쓸 수 있는 강인한 사고방식을 배울 기회일 수도 있습니다. '실패도 배우는 한 과정이야'라거나 '승자도 모두 처음엔 서툴렀던 때가 있었단다'라는 쉬운 말로 가르치면, 어린아이들도 잘 알아듣고 그런 사고방식에 따라 자전거 타기를 배울 수 있지요. 청소년 시기까지도 여전히 그 말이 아이의 마음속 깊숙이 각인되어 있기도 할 것입니다.

부모나 보호자로서 여러분은 아이의 인생에서 기념해 줄 만한 일을 선택할 수 있습니다. 생일을 축하해 주기 위해 케이크를 살 수도 있고, 운동회에서 따 온 트로피와 메달을 자랑스럽게 진열해 줄 수도 있지요. 실패 또한 포용해 줄 수 있습니다. '그래도 노력은 했으니 된 거야'라는 뻔한 말을 해 주거나 참가상을 주는 정도의 포용으로는 충분하지 않습니다(아이들은 승리의 중요성도 알아야 한다). 식사 중에 대화를 하면서, 실패는 어떤 경우든 승리를 향해 나아가는 중요한 걸음이라는 점을 인정해 주세요.

가족의 이상, 임무, 가치 세우기도 아이의 사고방식의 틀을 잡아 주는 데 효과적인 방법입니다. 제가 운영하는 사업체에서는 기업 이상을 문서화해 놓고 임무 및 가치 선언문도 마련해 두었는데, 이런 이야기가 그리 놀랍지는 않을 것이다. 고속 성장을 이룬 기업 대다수가 조직의 행동, 태도, 문화의 틀을 잡기 위해 기업 이상을 문서화해 왔으니 말이지요. 그렇다면 이러한 방식으로 가족을 위해 생각을 문서화하는 것이 별난 일일까요? 사실, 세계에서 가장 성공한 가족의 상당수가 가족의 가치관, 이상, 임무를 논의 주제로 삼으며, 문서로 기록해 두는 경우가 많습니다. 자신에게 기대되는 바가 무엇인지 아는 것은 아이의 사고방식에 지대한 영향을 미칠 수 있지요.

아이와 함께 실전 연습 ⚲

☐ 가족의 임무 선언문을 만들며 재미있는 시간을 보낸다. 선언문에는 가족 규칙을 넣어도 되고, 가족 간에 서로 말하고 대하는 방식, 가족이 함께 하고 싶은 일을 넣어도 된다.
☐ 임무 선언문에 담을 내용을 생각하고, 대화를 나눌 만한 분위기를 만든다.
☐ 언제든 볼 수 있게 집 안 어딘가 눈에 잘 띄는 곳에 선언문을 놓아둔다.

래리 앨리슨
Larry Ellison

오라클의 공동 설립자

세계에서 여섯 번째 갑부로, 더기빙플레지(The Giving Pledge, 전 세계 대부호들이
사후나 생전에 재산의 대부분을 사회에 환원하기로 약속하는 운동−옮긴이)에 서명하면서
최소 재산의 절반을 사회에 환원하기로 함.

래리 앨리슨은 생부가 누구인지도 모르며, 생모는 딱 한 번 만났다. 그의 말로는
'앨리슨'이라는 성은 유럽에서 이민 온 유대인이던 양부모가 앨리스 섬(뉴욕시 가까
이에 있는 작은 섬. 1892~1943년 사이에 미국 이민자들이 입국 수속을 밟던 곳−옮긴이)의 이
름을 따서 지은 것이란다. 그는 시카고의 아파트에서 노동자 계층으로 자랐다.

양모는 다정하고 자상하게 앨리슨을 보살폈다. 하지만 회계사 일을 했던 양부
는 엄하고 완고한 데다 까다로웠고 걸핏하면 앨리슨을 쓸모없다고 타박했다. 이런
타박에도 앨리슨은 자립심과 자신감이 있고 뜻을 잘 굽히지 않는 강인한 성격으로
자랐다.

학교에서는 우주선 제작, 기술, 공학 같은 복잡한 주제에 흥미를 가졌다. 평범한
학생이었고 스쿼시, 배구, 하키 같은 운동을 즐겼다. 똑똑하다는 소리를 들었으나,
권위적인 환경에서 가진 재능을 제대로 펼치지 못했다. 일리노이 대학교와 시카고
대학교에 들어갔지만, 모두 중퇴하고 기술 관련 회사에서 일하기 위해 서부로 갔다.

앨리슨은 한 인터뷰에서 당시를 이렇게 회고했다. "제 평생 컴퓨터 공학 수업이
라는 걸 들어 본 적이 없어요. 프로그래머로 취직했지만 거의 독학으로 실력을 쌓은
거였죠. 무작정 책 하나를 집어 들고 프로그램을 짜 보기 시작했어요."[1]

앨리슨은 최초로 개발한 프로그램을 '오라클 버전 2'로 명명했다. 사실 버전 1이
었지만 앨리슨과 공동 설립자들은 듣도 보도 못한 새로운 제품에 위험을 감수하고
싶어 할 고객이 없을 거라고 판단하여 그렇게 이름 붙였다.[2]

· 내 아이를 위한 1퍼센트의 비밀 _____

　　남편 켈런과 나는 결혼하면서 일명 '가족 플레이북'을 만들었다. 경영주로서 내 사업에 대한 이상과 전략을 세워 두었으니, 가정에도 적용해 볼 만했다. 가족 플레이북에 우리 부부의 가장 열렬한 신념을 비롯한 가치와 원칙을 담았다. '우리 가족의 임무', '인생 신조로 삼을 5대 가족 가치', '캐리가 켈런을 멋진 사람이라고 생각하는 이유', '켈런이 캐리를 멋지다고 생각하는 이유', '캐리와 켈런이 스스로를 특별한 사람으로 느끼도록 해 줄 방법' 같은 재미있는 내용도 같이 넣었다. 가족 플레이북 만들기는 가족의 정체성과 원칙을 의식하면서 비범한 일을 이루어 내기 위한 탄탄한 토대를 다지는 일이라고 생각한다.

캐리 그린(Carrie Green), 여성기업인협회(Female Entrepreneur Association)

　　노력했다면 실패해도 괜찮다. 어떠한 노력이든 다 중요하게 여길 줄 알아야 한다. 나는 살면서 이런저런 노력을 해 보면서 자유를 소중히 여기는 자세와, 이생에서 짧은 시간을 최대한 활용하려는 자세도 배웠다. 어머니는 영업에 출중한 재능을 물려주었고, 아버지는 상대가 잡역부이든 왕실 사람이든 가리지 않고 편안하게 대화를 나누는 법을 알려 주었다. 덕분에 나는 다른 사람을 대할 때 그 사람이 환영받는 인상을 받으며 안심과 만족감을 느끼도록 해 주는 것이야말로 접객 사업의 핵심이라는 점을 배웠다. 우리 기업에서는 이 핵심을 이루기 위해 매일 힘쓰고 있다.

스펜서 클레멘츠(Spencer Clements), 윌리엄 콜(William Cole)

나의 부모님은 두 딸 모두를 기업가로 길러 냈다. 캘리포니아주 버클리 주민으로 살며 좌편향 진보주의 성향을 띠었던 부모님은 여권 신장주의를 지지했고 사회적 의식도 높았다. 우리 자매가 자랄 땐 POW 팔찌(1970년 5월에 베트남전 미군 포로들을 잊지 말자는 취지로 캘리포니아의 한 학생 단체가 처음 만든 팔찌로, 베트남전에서 생포된 후 실종된 미군의 직급, 이름, 실종일이 새겨졌음-옮긴이)를 차기도 했다. 어머니는 반전 단체 '평화를 위한 또 다른 어머니(Another Mother for Peace)'에서 활동하기도 하고 아프로 헤어(1970년대 미국 흑인들 사이에서 유행했던, 공처럼 크게 부풀린 헤어스타일-옮긴이)를 하고 팝 아티스트 피터 막스 스타일의 치렁치렁한 형광색 히피풍 옷을 입기도 했다. 어린 시절 내내 부모님은 우리 자매에게 "너희는 무엇이든 할 수 있고 무엇이든 될 수 있어"라고 입버릇처럼 말했다. 두 분은 우리가 커서 무엇이 되고 어떤 사람이 되길 기대하지 않으면서 세상을 탐구해 보도록 격려해 주었다.

로라 포우핑(Lora Poepping), 플럼 코칭앤컨설팅(Plum Coaching & Consulting)

경제력을 키우는
용돈 교육

　의도적이든 아니든 간에 가정 내에서는 돈에 대한 관념, 돈 버는 방식, 돈의 절약과 지출 방식 등에 대한 특정적인 경제 모델이 가동되지요. 바로 이 모델이 아이의 초기 경제 모델로 설정되어 아이가 스스로 돈 관리를 시작하는 순간부터 효력을 발휘합니다.

　돈 관리의 모델은 수많은 사람만큼이나 각양각색입니다. 로버트 기요사키(Robert Kiyosaki)의 베스트셀러 《부자 아빠 가난한 아빠(Rich Dad Poor Dad)》에서는 내가 일해서 버는 소득이 아니라, 본인이 소유한 자산에서 나오는 형태인 '소극적 소득(passive income)'을 내기 위한 자산 포트폴리오를 구축하는 것이 잘하는 일이라고 이야기하지만[3], 직업 상담사는 직장에 다니며 승진해서 억대 연봉을 받으면서 자신이 꿈꾸는 집과 차를 소유하고 휴가를 즐기라고 권유합니다. 돈 절약 방법을 알려 주는 잡지라면 마트 쿠폰을 오려 두라고 조언하거나 개인종합자산관리계좌(ISA)의 혜택을 알려 줄 테고, 독립투자자문업자(특정 회사에 얽매이지 않고 투자자들에게 자산 관리 서비스를 제공하는 일종의 '펀드 도우미'-옮긴이)라면 연금으로 상업 용지를 구입하라고 권할 것입니다. 첨단 디지털 장비를 갖추고 여러 나라를 돌아다니며 일하는 디지털 유목민이라면 세상 구경을 할 수 있게 비행 편과 에어비앤비의 비용을 댈 만한 계약을 따내라고 말하기 마련이지요. 우리가 수년 동안 알고 있던 가치에 의문을 일으키기도 합니다. 담보 대출을 받는 게 맞을까요? 돈을 절약하는 게 맞을까요? 우리 아이들에게는 어떤 개념을 심어 줘야 할까요?

돈에 관해서는 더 복잡한 문제도 있습니다. 밀레니엄 세대의 3분의 1은 집을 소유하려는 의지가 없고[4] 개인 부채는 지속적으로 증가하는 추세이며[5] 소비에 가해지는 사회적 압박이 그 어느 때보다 우리 생활에 깊숙이 들어와 있습니다. 상당수 아이들이 유튜버나 블로거, 인스타그램 인플루언서를 롤 모델로 삼습니다. '월급을 받아 소비 생활을 하는' 옛날 방식은 이제 현실과 맞지 않으며, 확실히 아이들이 앞으로 직면할 미래의 상황과도 맞지 않습니다.

개인의 돈 관념은 돈 자체의 이해보다 중요하진 않더라도 그에 못지않게 중요합니다. 누가 되었든 개인이 편안하게 받아들이는 돈에 대한 생각은 롤 모델뿐만 아니라 양육, 현재 상황, 장래의 포부에 따라서도 크게 좌우되지요.

돈 관념은 세대별로 크게 다릅니다. 예를 들어 부동산 폭락, 암호화폐, 엔젤 투자(angel investing, 벤처 기업이 필요로 하는 자금을 개인 투자자들 여럿이 돈을 모아 지원해 주고 그 대가로 주식을 받는 투자·옮긴이) 같은 요즘의 개념만 보더라도 돈을 어떻게 벌고 쓰는가(혹은 어떻게 벌지 않고 쓰지 않는가)에 대해 각 세대가 경험하는 토대가 다르다는 것을 알 수 있지요. 현재의 베이비붐 세대와 아직 학교에 다니는 여덟 살짜리 아이들 세대를 비교해 봅시다. 긱 이코노미(gig economy, 임시직 선호 경제)가 급성장하고 프리랜서 직업이 만연하는 추세로 미루어 보면, 이 아이들은 나중에 커서 달마다 같은 시간에 같은 액수의 월급을 받으며 생활하지 않을 가능성이 베이비붐 세대보다 더 높습니다. 또는 월급이라는 것을 한 번도 경험해 보지 못할 수도 있습니다.

다음 질문에 대해 생각해 봅시다.

· 아이에게 매달 용돈을 받아 쓰게 하는 것은 월급 생활에 대비하도록 훈련시키는 방법일까? 아니면 구시대적인 발상일까?

· 고정적인 급여를 버는 직업에 대해 어떤 찬성 견해와 반대 견해를 갖고 있는가? 계약제 직업에 대해서는 어떤가?

· 현재 어떤 식으로 돈을 벌고 있는가? 당신은 당신의 무엇을 팔고 있는가? 시간인가, 지식인가 아니면 상품인가?

· '땅 파 봐라, 돈 나오나. 아껴 쓸 줄 알아야지'와 같은 말을 툭 내뱉으면, 그게 얼마나 도움이 될까?

☐ 아이가 집안일을 도우면 아이에게 용돈을 준 적이 얼마나 자주 있었는가? 용돈 외에 다른 보상 방법은 없을까?

☐ 어떻게 하면 아이에게 금전적 풍요로움의 가치를 올바르게 심어 주고, 돈을 다양한 방법으로 벌 수 있는 것으로 생각하게 이끌어 줄 수 있을까?

☐ 부모가 아이에게 돈을 벌고 축적하는 일을 어려운 목표로 한정 짓거나 제약적 신념을 드러내지는 않는지 의식해 보라.

에스더 아푸아 오클루

Esther Afua Ocloo

세계여성은행(Women's World Banking)의 설립 멤버

고국 가나에서 소액 대출의 시행을 앞장서서 개척했고,
헝거 프로젝트(The Hunger Project)에서 천만 명이 넘는 이들의 삶에 영향을 미친
'사회 전 계층과 전 분야에서 뛰어난 리더'로 선정되어 상을 받음.

찢어지게 가난한 집안에서 태어난 오클루는 어린 나이 때부터 경제적 자립의 중요성을 깨달았다. 자라면서 주위 사람들이 궁핍한 생활에 시달리는 모습을 지켜보며 부디 다른 사람들은 그런 삶을 살지 않았으면 좋겠다는 바람과 여성의 역량 강화에 주력하고자 하는 열망을 품었다.

오클루는 고등학교를 졸업하면서 이모에게 10실링(약 1달러)을 선물로 받았다. 그 돈으로 오렌지, 설탕 등 마멀레이드 열두 병을 만드는 데 필요한 재료를 샀다. 마멀레이드를 만들어 팔아 이윤을 남기고 싶어서였다.

오클루는 한 인터뷰에서 그때를 이렇게 회고했다.

"당시에 10실링을 적어도 2파운드로 불려 보자고 마음먹었어요. 6실링으로 마멀레이드 재료를 산 다음, 만든 마멀레이드를 팔기 위해 길가로 나갔어요. 그 뒤로 한 시간도 안 돼서 전부 다 팔고 6실링을 12실링으로 불렸어요! 얼마나 기분이 째지던지 큰맘 먹고 맛있는 점심을 사 먹었죠."[6]

그때 오클루를 응원하고 지지를 보내 준 교사들이 있었다. 교사들은 오클루에게 일주일에 두 번씩 학교에 마멀레이드를 납품해 달라고 주문을 넣으며 오클루의 첫 번째 단골 고객이 되어 주었다. 오클루의 신념도 신념이었지만, 마멀레이드의 품질에도 깊은 인상을 받았기 때문이었다.

· 내 아이를 위한 1퍼센트의 비밀

나는 딸 이사벨에게 용돈을 주면서 경제 공부를 시키고 있다. 딸에게 용돈을 타 쓰면서 한정된 예산에 맞춰 생활하며 여윳돈 내에서만 지출하는 습관을 들이게 한다. 그러한 습관이 몸에 밴 딸은 내 스토어 판매 상품의 주문 업무와 품질 검사는 물론이고, 배송 준비와 포장 일을 거들고 있다. 자신만의 엣시(Etsy, 미국의 수공예품 전문 온라인 쇼핑몰—옮긴이) 스토어를 열기 위해 슬라임 제조법을 시험 중이기도 하다.

데보라 로저스(Deborah Rogers), 더 기프티드 랫(The Gifted Rat)

우리 집 아이들에게 경제에 대해 알고, 경제력을 키우도록 내가 활용하는 방법은, 돈을 한 푼도 주지 않기다! 현재 열아홉 살, 열다섯 살, 열한 살인 우리 집 아이들은 원하는 게 있으면 직접 벌어서 사야 한다. 물론 그 돈을 벌 수 있는 방법도 직접 생각해서 부모에게 말해야 한다.

앨리나 애덤스(Alina Adams), 팟캐스트 NYC School Secrets

내가 어릴 때 부모님은 우리 형제가 가지고 싶은 물건을 사 주고 싶어 했지만, 형편이 안 돼 사 주질 못했다. 그 시절의 나는 돈을 쓰고 싶으면 벌어야 한다는 것을 깨달았다. 우리 가족은 앨라배마 주의 시골 동네에 살아서 아이가 일할 만한 일거리가 많지 않았다. 하지만 나이가 너무 어려 차를 몰고 멀리까지 일하러 나갈 수가 없어서 땅콩 밭에서 풀을 베고 잡초를 뽑아 돈을 벌었다. 그러다 운전

면허를 딸 수 있는 나이가 되었을 땐 돈을 더 많이 주는 더 좋은 일자리를 구할 수 있었다. 어릴 때 스스로 돈 벌 기회를 찾았던 경험은, 내가 기업가가 되고 싶은 마음을 먹게 된 원동력이었다.

더그 미첼(Doug Mitchell), 오글레트리 파이낸셜(Ogletree Financial)

꿈을 현실로
만드는 대화법

미국의 철학자 윌 듀런트(Will Durant)는 "우리는 우리가 반복적으로 행하는 대로 된다"[7]라고 말했습니다. 이 말을 다른 식으로 풀어 말하면, 동사를 행하지 않으면 명사가 될 수 없다는 얘기입니다. 작가가 되려면 글을 써야 하고, 가수가 되려면 노래를 불러야 합니다. 발레 연습을 하지 않으면 어떻게 해도 발레리나가 되지 못하며, 이는 어떤 스포츠 종목이나 악기의 경우에도 마찬가지지요.

저는 자라면서 무엇인가를 잘하고 싶다고 말하는 것과 무엇인가를 잘하기 위해 실행하는 것의 차이를 확실하게 터득했습니다. 무엇인가를 하고 싶다고 말하고 나서 전념하면 포기하지 않게 되었습니다. 아무리 걷어차이거나 호통을 들어도 연습 의지가 꺾이지 않았지요.

사업을 하는 사람이라면 누구나 알고 있다시피, 목표를 글로 적고 나서 목표대로 잘되길 기대하는 것만으로는 충분하지 않습니다. 목표의 성취를 의식하며 날마다 그 목표에 더 가까이 다가서기 위한 발걸음을 떼야 합니다.

실제로 그런 발걸음의 첫발을 내딛기에 좋은 방법은 '가족 토론'의 시간 갖기입니다. 미래를 그리며 얼마나 큰 꿈을 꿀 수 있을지에 대해 얘기해 보는 시간을 가지는 것이지요. 이때는 프로 스포츠 선수나 업계 전문가들을 조사해 보면서 그 사람들이 어떻게 그만한 실력을 얻게 되었는지 얘기해 볼 수도 있습니다. 윔블던 대회에서 우승하는 것은 거저 주어지는 게 아닙니다. 매일 테니스 연습을 하고, 스트레칭도 하고, 시합에 출전해서 이기고, 건강 유지도 잘해야 하지요.

우리 가족과 가까이 지내는 프레디라는 다섯 살배기 꼬마 친구가 커서 소방관이 되고 싶다는 말을 언젠가 했습니다. 그 말에 꼬마의 어머니는 "암, 우리 아들은 소방관이 될 수 있고말고. 자, 그럼 무엇무엇을 배워야 할까?"라고 대꾸했지요. 엄마는 프레디가 소방관이 되고 싶지 않게 말리려는 것이 아니었습니다. 힘든 훈련, 소방관 시험 통과, 출동용 봉 타고 내려오기 등등 소방관이 되기 위한 필수 요건을 전부 생각해 보게 해 주려는 것이었지요.

기업가 크리스 마이어스(Chris Myers)는 자라면서 40퍼센트의 법칙을 따랐다고 합니다. 이 법칙은 제시 이츨러(Jesse Itzler)의 책 《네이비실 동

고동락기: 지구상에서 가장 거친 남자와의 31일간의 훈련(Living with a SEAL: 31 days training with the toughest man on the planet)》을 통해 유명해진 법칙으로, 마이어스의 설명에 따르면 "40퍼센트의 법칙은 간단하다. 머리에서 이제는 한계에 이르렀다고, 너무 지쳤다고, 여기에서 더 이상은 못 갈 거라고 말할 때는 사실상 능력의 40퍼센트밖에 사용하지 않은 것이다"[8]라는 것입니다.

마이어스는 자라면서 "다른 누군가에게 너무 어려운 일이라면 그것이야말로 우리에게 딱 맞는 일이다"라는 말을 자주 들었다고 합니다. 마이어스는 이 말에 애증의 감정을 동시에 느꼈다지만, 겉보기에 너무 힘들 것 같아도 일단 시작해 보도록 배웠다는 점에서 좋은 가르침을 준 말이었다고 봅니다. 어떤 일을 성취하기 위해 힘쓰며 힘든 일을 두려워하지 않도록 북돋기에 정말로 좋은 가르침이지요.

아이와 함께 실전 연습 ⚲

☐ 비범한 삶은 어떤 모습일지 아이와 함께 그려 본다. 아이에게 어떻게 살고 싶은지, 어떤 사람을 만나고 싶은지 물어본다.

☐ 아이와 함께 어떤 사람이 되고 싶은지 목표를 세워 본다. 다음 주나 내년이나 5년 뒤에 이룰 수 있는 일이 무엇이 있을지 아이의 말을 들어 보자.

☐ 책에서 읽거나 뉴스에서 보고 알게 된 사람의 삶과 커리어를 살펴보며, 그 사람이 어떤 식으로 행동했고 어떻게 해서 그 위치까지 올랐는지 얘기해 본다.

캐리 그린
Carrie Green

여성기업인협회 설립자

60만 명이 넘는 여성 기업가를 아우르는 관계망을 구축했고
《쉬 민즈 비즈니스(She Means Business)》를 써서 베스트셀러에 올리기도 함.

그린은 열 살도 되기 전에 사업주이던 아버지의 손에 이끌려, 다른 세 형제와 함께 마음의 힘과 시각화에 눈뜨게 해 주는 강의를 들었다. 바로 이 강의를 통해 마음속에 성을 지어 놓고 문제의 답이 필요할 때 들어가 보는 방법, 부정성을 씻어 내는 방법, 혼자 힘으로 이루어 내고 싶은 미래를 시각화하는 방법을 배웠다. 그린의 아버지는 성공 철학자 짐 론(Jim Rohn)이 성공 습관 들이기에 대해 들려주는 비디오를 보여 주며, 재미로 집 안에서 론을 흉내 내고 다니기도 했다.

그린은 집에서 미래를 보장해 줄 기량과 태도를 배웠지만, 학교에서 성적은 하위권이었고 교사들은 그린을 학습 장애가 있는 학생으로 평가했다. 그 당시에 그린은 말 안 듣고 멍청하고 수업 시간에 장난이나 치는 아이라는 평가에 맞추어 행동했다고 한다.

그 당시 그린의 아버지는 딸에게 남들이 하는 부정적인 말이나 행동을 피하는 여러 가지 방법을 가르쳐 주었다. 그중에 하나는 커다란 종 모양 유리 덮개가 있다고 상상하면서 누군가 부정적인 말을 하면 그 덮개를 자신에게 씌워 부정적인 영향을 받지 않게 지키기였다. 그린은 어쩌면 자신을 무시했던 교사들에게 스스로를 증명해 보이기 위해서였을지도 모르지만, 아버지의 가르침을 모두 받아들이며 목표 파일철을 만들었다. 그리고 그 안에 출력 자료물뿐 아니라 그렇게 될 바라는 자신의 모습, 느낌, 심지어 냄새까지 적은 글도 철해 놓고 포토샵으로 편집해서 출력한 1억 3,600만 파운드의 은행 잔고 증명서도 넣어 두었다.[9]

· 내 아이를 위한 1퍼센트의 비밀 _____

'어제보다 나은 오늘을 살아라'라는 말은 내가 고등학교에 다닐 때 아버지가
해 주었던 조언으로, 사실 사업과는 아무 관련도 없는 말이다. 아버지는 내가 큰
꿈을 꾸고 있다는 것을 자주 알아봐 주었다(그 꿈을 격려해 주기도 했다). 그러던
어느 날 이 조언을 해 주었다. 그저 어제보다 나은 오늘을 살면 언젠가 꿈을 이루
게 될 거라고…. 나는 이 조언을 창업 인생에서 속속들이 적용해 왔다.

존 태비스(John Tabis), 더 부크스 컴퍼니(The Bouqs Company)

나는 무엇이든 될 수 있고 무엇이든 할 수 있다고 배웠다. 무엇이든 공손하게
질문하고, 비관적인 대답을 곧이듣지 않아도 된다고도 배웠다. 나는 전형적인
노동자 계층의 가정에서 자라며 변호사를 꿈꿨다. 나와 같은 계층의 사람들은
어림도 없는 꿈이라며 우리 같은 사람은 변호사가 되지도, 대학에 진학하지도
못한다고들 했다. 어머니는 그런 비관적인 말을 곧이곧대로 받아들이지 않았고,
결국엔 나를 명문 학교에 장학생으로 입학시키면서 열심히 하면 무엇이든 할 수
있고 이룰 수 있다고 가르쳤다. 또 할머니에게는 다른 사람들이 나를 어떻게 생
각하든 상관할 일이 아니며, 남들에게 친절하고 정중하게 대하라는 가르침을 받
았다. 어머니와 할머니가 나를 흔들림 없이 믿어 준 덕분에, 나는 안 된다고 말하
는 사람들의 말을 흘려듣고 내 바람을 이루기 위해 힘썼다. 그리고 지금 현재 세
계 최대 규모의 상장 로펌에서 최연소 파트너 변호사로 일하고 있다.

나오미 프라이드(Naomi Pryde), DWF LLP

나는 자식은 없지만 조카들에게 영향을 주고 있다. 자신의 시간과 위치에 통제력을 가진 사람의 모범을 보여 주고 있다. 조카들이 접하는 어른들 대부분은 정규 직장에 다니며 언제, 어디에서 무엇을 할지 명령을 받아 일한다. 나는 조카들에게 원하는 목표가 무엇이고, 그 목표를 이루기 위해 자신의 기량과 지식과 기회를 어떻게 활용할 수 있을지 신경 써서 물어본다.

프랭크 존스(Frank Jones), 옵서스 마케팅(OprSus Marketing)

적응력 지수를
키워야 하는 이유

IQ(지능 지수)나 EQ(감성 지수 또는 감성 지능)라는 용어는 익숙할 테지만 AQ(적응력 지수)는 생소할 것입니다. AQ는 '빠르고 빈번히 변화하는 환경 속에서 방향을 바꾸어 가며 잘 살아가는 능력'을 의미합니다. [10]

"IQ는 취직하기 위해 필요한 최소한도의 척도이지만 AQ는 장기간에 걸쳐 얼마나 성공할지를 가늠할 척도다"라는 말은 골드만 삭스의 뉴욕 지부 부사장 나탈리 프라토(Natalie Fratto)가 했습니다. 그가 AQ에 관심을 갖게 된 계기는 여러 IT 벤처 기업에 투자를 하면서였습니다. 프라토는 이후에 이 주제로 유명한 TED 강연을 하기도 했지요. [11]

프라토는 "AQ는 단지 새로운 정보를 받아들이는 능력이 아니다. 관련된 문제를 해결하고, 한물간 지식을 버리고, 난관을 극복하고, 변화하기 위해 의식적으로 노력하는 능력이다. AQ는 유연성, 호기심, 용기, 회복력, 문제 해결력을 필요로 한다. 미래의 기업가에게 유용한 자질 같지 않은가?"라고 이야기했지요.

저는 어릴 때 소파에 앉아 있다가 "준비해. 나갔다 올 거야"라는 말을 듣길 기다렸던 때가 많았습니다. 집을 나가 산책을 다녀오거나 다른 사람의 집에 가거나 쇼핑을 가는 게 좋았지요. 그때는 그런 식으로 자주 가족의 일과에 변화가 생겼던 일을 단지 성장기의 한 생활로 여겼지만, 이제는 그 덕분에 제가 새로운 계획이나 정보에 빠르게 적응할 수 있다는 사실을 잘 압니다. 저는 지금도 일이 계획대로 진행되지 않거나 막판에 어떤 변화가 생겨도 당황해서 쩔쩔매지 않습니다. 언제나 '괜찮아. 자, 이제 어떻게 하는 게 좋을까?'라는 식의 사고방식을 취하는데, 이런 자세는 어릴 때부터 변화를 반겼던 생활 덕분이라고 확신합니다.

이런 변화를 가리켜 '일과 유연성(routine flexibility)'이라고 합니다. 일과나 계획이 어김없이 흘러간다면야 더없이 좋겠지만, 그렇지 않더라도 세상이 끝나는 건 아닙니다. 사실 별일이 아닙니다.

2017년에 두 학자가 〈일과 유연성의 미세 역학 조사〉라는 학술 논문에서 밝힌 바에 따르면, 경제의 변화가 일어나는 시기에 살아남는 사업을 하는 데 일과 유연성이 도움이 될 뿐만 아니라 개인의 일과 유연성은 체중을 줄이거나 건강을 증진시키는 능력에도 영향을 미친다고 합니다.[12] 잘 생각해 보면 정말로 타당한 말입니다.

　AQ와 일과 유연성은 둘 다 계획 갖기의 문제이지만, 또 한편으론 계획의 변화를 기꺼이 받아들이는 문제이기도 합니다. 계획에 변화가 생겨도 대수롭지 않게 넘길 줄도 알아야 합니다. 앞으로는 아이가 이런 자세를 가져야 기회가 왔을 때 잘 잡을 수 있습니다.

　고등학교를 마치고 대학교에 진학하는 것이 원래 계획인데, 대학 등록을 앞두고 더 좋은 기회가 찾아오는 상황을 가정해 봅시다. 적응력 있는 아이가 이 기회를 가장 잘 활용할 수 있겠지요. 특히 신기술이나 세계적 팬데믹 때문에 어느 순간이든 새로운 기회가 열릴 수도 있는 세계에서는 민첩함을 갖추어야 선택의 폭을 넓힐 수 있습니다.

_____ 아이와 함께 실전 연습 ⚲

☐ 일정에 앞서 미리 계획의 우회나 변경을 계획하되, 아이에게는 미리 말해 주지 않는다. 그런 다음에 아이가 계획의 변화에 어떻게 반응하는지 살펴보면서 그 변화에 잘 대처하거나 잘 대처하지 못하는 이유를 평가해 본다.

☐ 일상에서 연습할 기회를 찾아본다. 빨래가 마르지 않아서 스웨터를 입을 수 없거나, 마트에 갔더니 저녁 식사의 중요한 재료가 떨어진 경우 등이 좋은 기회다.

☐ 아이가 막판에 하거나 계획을 짜도 그냥 놔둬 본다.

☐ '이렇게 하면 저렇게 된다'는 시나리오를 연습시켜서 아이가 예상하지 못한 변화에 대응하도록 준비시킨다. 예를 들어, "지금 숙제를 하지 않아서 내일 늦게까지 밤을 새우게 되면 어쩌려고?"라고 말하는 것이다.

☐ 아이에게 변화의 심각성을 낮춰 보게 연습시킨다. "이 일에서 좋은 점은 무엇이 있을까?"라고 물어보는 것도 좋다.

일론 머스크
Elon Musk

스페이스엑스와 테슬라의 CEO

2020년에 스페이스엑스에서 팰컨 9(Falcon 9) 로켓을 우주로 쏘아 올리며
민간 기업 최초로 유인 우주선을 국제 우주 정류장으로 보내 새로운 역사를 씀.

머스크는 남아프리카공화국에서 어린 시절을 보냈으며, 굉장한 독서광이었다. 어릴 때 읽은 책 중에는 아이작 아시모프(Isaac Asimov)의 장편 SF 소설 《파운데이션 (Foundation)》 시리즈도 있었는데 이 책을 읽으며 '문명을 연장하고, 암흑시대가 일어날 가능성을 최소화하고, 암흑시대가 도래하더라도 그 시기를 단축시키게 해 줄 만한 일련의 행동에 나서기 위해 노력해야 한다'[13]라는 교훈을 얻었다.

부모님이 이혼하신 열 살 무렵부터 컴퓨터에 관심을 가졌다. 이후 자주 발명과 관련된 공상에 빠져들었고 독학으로 프로그래밍도 배웠다. 열두 살 때는 자신이 최초로 개발한 소프트웨어를 팔기도 하여, 블래스타(Blastar)라는 이름의 게임 프로그램으로 500달러를 벌어들였다. 머스크는 유년기 내내 심한 왕따를 당했고 한번은 남자아이들 패거리가 머스크를 층계참 아래로 밀어 넘어뜨려서 병원에 입원하기까지 했다. 그 뒤에 호신술로 가라테와 레슬링을 배웠다.

머스크의 아버지는 아들에게 프리토리아의 대학교에 들어가라고 강요했지만, 머스크는 '그래, 내 생각도 그렇고 직접 목격하기도 했잖아. 정말로 미국은 세계의 다른 어떤 나라보다도 위대한 일을 성취할 수 있는 가능성이 높은 곳이야'[14]라며 미국으로 떠나기로 결심했다. 머스크는 캐나다를 거쳐 미국에 정착하는 편이 더 쉬운 길이라는 것을 알고 나서, 캐나다 태생의 어머니를 통해 캐나다 여권을 획득했다. 그리고 열여덟 살 생일을 코앞에 둔 1989년 6월에 아버지의 바람을 거스르며 캐나다로 떠났다.

• 내 아이를 위한 1퍼센트의 비밀

어릴 때 우리 가족은 이사를 많이 다녔다. 대략 1년마다 이사를 하며 주로 캘리포니아와 아칸소 이곳저곳으로 거처를 옮겼다. 싱글맘이던 어머니가 일이 바빠서 내가 세 명의 여동생을 키우는 일에 손을 많이 보탰다. 그래서 아주 어린 나이부터 상황을 재빨리 판단해 문제를 해결하는 요령을 터득했다. 바뀌는 환경과 상황에 맞춰 잘 적응했던 능력 덕분에 나는 위험 상황이나 문제점을, 일을 진전시키고 더 큰 성취를 이끌어 낼 기회로 삼는 것에 아주 능해졌다.

오텀 매닝(Autumn Manning), 유언드잇(YouEarnedIt)

군인 부모를 두었던 나는 가족을 따라 몇 년마다 이사를 갔고, 그러는 사이 새로운 곳에서 새롭게 시작하는 동시에 가족 내에 든든한 지지를 얻는 방법을 터득했다. 새로운 학교, 새로운 친구들, 새로운 활동을 접하다 보니 회복력과 자신감도 얻었다. 변화를 새로운 곳에서 헤쳐 나갈 실질적 기량을 배울 기회로 바라보게 가르쳐 주었던 부모님을 두어 다행이라고 생각한다.

엘리자베스 맬슨(Elizabeth Malson), 암슬리 인스티튜트(Amslee Institute)

지역 신문 업계에서 일했던 아버지는 경력을 쌓으며 이곳저곳으로 신문사를 옮겼고, 우리 가족은 그런 아버지를 따라 전국 여기저기로 이사를 다녔다. 그러다 보니 나는 툭하면 전학을 다니며 '새로 온 학생'이 되는 것에 익숙해졌다. 열세 살 무렵에 벌써 여섯 번째 학교로 전학을 가게 되었는데, 이 해에는 유독 이사를 많이 다녔고 세 번째 학교를 떠나올 때는 힘이 들기도 했다. 좋은 친구들을 떠나려니 눈물을 참을 수가 없었다. 지금에 와서 돌이켜 보면, 확실히 그때의 경험을 통해 변화를 편안하게 받아들이는 능력과, 새로운 환경과 사람들에게 적응해 빠르게 익숙해지는 능력을 기를 수 있었다.

그 시절에 스포츠는 내가 새로운 학교에 마음을 붙이는 데 유용한 '도구'였다. 친구들과 스포츠를 같이 하며 놀든, 그냥 스포츠 얘기를 하든 간에 두루두루 유용했다. 스포츠는 모든 사람을 평등하게 만들며, 특히 팀 스포츠는 새로운 관계와 우정을 빠르게 다지는 데 아주 좋은 방법이다. 그리고 나는 미식축구, 럭비, 크리켓을 결합한 운동으로 내 주변에 많은 변화가 생길 때마다 빠르게 적응하는 데 도움을 받았다.

폴 포크너(Paul Faulkner), 버밍엄 상공회의소(Greater Birmingham Chambers of Commerce)

문제 해결력을
높이는
부모의 조언

누군가 깊은 수심으로 내던져지면 그 사람은 가라앉았거나 헤엄을 칩니다. 우리가 만나 본 기업가들도 자주 깊은 수심에 빠지면서도 한결같이 일이 잘될 방법을 찾아낼 것이라 마음을 다잡았다고 합니다. 그때 부모가 가장 든든한 지지자가 되어 그 순간에 필요한 자신감과 믿음을 불어넣어 주기도 했다고 합니다.

이런 부모 밑에서 자란 사람은 일단 자립성의 맛을 보고 나면 어떤 상황에서든 자립성을 발휘하려 합니다. 스스로 결정을 내리면서 어떤 과정을 주도할 기회가 생기면 기꺼이 받아들이고 혼자 해 보려고 기를 쓰면서 아무도 개입하지 못하게 하지요.

든든한 지지자 부모 밑에서 자란 아이는 소소한 일로 자립성을 발휘하다가 적절한 시기에 맞추어 점차 수준이 높입니다. 입을 옷 고르기, 병원 진료 예약, 주말 계획 짜기도 해 보며 독자적으로 문제 해결책이나 창의적인 아이디어를 생각하게 되지요. 매 단계마다 주인 의식, 책임감, 누군가 자신을 밀어붙이길 바라는 마음도 키우는데, 이 세 가지는 기업가에게 꼭 필요한 기량입니다.

요즘 가장 골치 아픈 일 중 하나는 잠재적 해결 방법을 생각해 본 적 없는 사람에게 문제점을 제시하는 일입니다. 사실, 부모나 경영자 입장에서는 이런 경우에 처하면 문제 해결 모드로 들어가 혼자서 해결책을 생각해 보거나, 이러쿵저러쿵 더 논의할 것 없이 "그 일은 제가 처리할게요"라고 말하기 쉽지요.

하지만 그런 식으로 해서는 아이에게 도움이 안 됩니다. 아이가 문제점을 생각해 보면서 잠재적 해결책을 찾아야 하는데, 반대로 의존성을 키우도록 부추길 뿐이지요. 생각을 다른 사람에게 아웃소싱 시켜 남에게 문제 해결을 의지하게 길들이는 것일 뿐입니다. 결국 무기력을 길들이는 것입니다.

당장은 더 많은 끈기를 발휘해야 할 테지만, 장기적인 전략을 취해야 합니다. 문제점을 인정하고 그 문제점의 해결에 책임감을 갖도록 가르쳐야 합니다. 가장 간단한 방법은 질문하는 것입니다. 계속 질문을 던지며 해결 방법을 찾게 한 다음, 아이가 내내 해결책을 갖고 있었다는 점을 강조하며 자신감을 되찾게 해 주세요. 아이가 질문을 듣고 바로 대답하기 어려울 수 있습니다. 이때 침묵을 메우려는 충동이 일어나도 뿌리치고, 질문과 대답 사이 침묵의 틈에 느긋해져야 합니다. 아이가 대답을 떠올릴 수 있게 유용한 힌트를 던져 주고 자신감을 되찾게 해 주세요. 처음에는 아이의 수준에 맞춰 질문해 해결책을 찾게 해 주다, 그다음에는 아이가 스스로 묻고 대답할 수 있게 해 주면 됩니다.

시간이 지나면 아이가 똑같은 상황에서 예전과 다른 반응을 보이게 될 것입니다. 예를 들어, "엄마, TV 리모컨 고장 났어요. 고쳐 주세요"라고 하던 아이가 나중에는 "엄마, TV 리모컨이 안 돼요. 건전지가 다 돼서 그런 것 같아, 연기 감지기에서 몇 개 빼서 정말 그런지 시험해 봤더니 리모컨이 잘돼요. 리모컨 문제는 해결해서 TV를 볼 순 있는데 이젠 연기 감지기 건전지를 채워 넣어야 하니까 가게에 가서 건전지를 사 와야겠어요"라고 말할 정도로 발전하게 됩니다.

_____ **아이와 함께 실전 연습** 🙎

문제가 생기면 다음과 같은 질문으로 아이에게 문제 해결 사고방식을 키워 주자.

☐ 왜 이런 문제가 생긴 걸까?
☐ 이 문제를 해결할 다섯 가지 방법을 생각해 본다면 무엇이 좋을까?
☐ 지금까지 어떤 식으로 노력했어? 그 노력이 잘되지 않은 이유는 무엇일까?
☐ 지금 여기 혼자 있다면 어떻게 하고 싶어? 그다음에는 무엇을 할래?

○ 상위 1퍼센트 부자의 어린 시절 ○

데이몬드 존
Daymond John
힙합 의류 브랜드 후부(FUBU)의 창업자

2009년에 미국의 텔레비전 프로그램 〈샤크 탱크(Shark Tank)〉(다섯 명의 성공한 기업가가
심사 위원으로 나와서 스타트업 창업자의 사업 아이디어를 듣고 투자할지 말지를 결정하는
리얼리티 프로그램-옮긴이)에 원년 투자자 멤버로 출연함.

데이몬드 존의 어머니는 뉴욕 동부 퀸즈 출신으로, 아들에게 자신의 운명은 자신이 책임지는 것이라고 가르쳤다. 살면서 무엇이든 원하는 것이 있으면 열심히 노력해서 얻어야 한다고도 가르쳤다. 존은 그렇게 초등학교 1학년에 벌써 영업의 힘을 터득했다. 그 어린 나이에 돈을 받고 연필의 페인트칠을 벗겨 내고 그 자리에 고객의 이름을 그려 넣어 주었다. 겨울에는 삽으로 눈을 치워 주는 아르바이트를 하고, 가을에는 갈퀴로 낙엽을 긁어모으는 아르바이트를 하기도 했다.

열 살 때 부모님이 이혼한 뒤로는 쭉 어머니 손에서 컸다. 부모님이 이혼하고 존은 가장이 되어 집안 건사에 힘을 보태야 했다. 그래서 어린 나이 때부터 시급 2달러짜리 전단지 배포 일도 하고, 견습 전기 기술자로 일하며 브롱크스 지구 유기 건물의 전기 공사를 하기도 했다. 어느 날 존의 어머니가 아들에게 "존, 이제는 평생 하면서 살 일을 찾아야 할 때야. 엄마 말 잘 들으렴"[15]라고 말했다.

존은 한 인터뷰에서 그때를 이렇게 회고했다.

"갑자기 기찬 음악이 떠올랐어요. 브롱크스에서 탄생해 퀸즈로 무대를 넓힌 그 음악, 힙합이요. (중략) 퀸즈에서 힙합을 하던 이 친구는 완전 유명해져서 그 음악으로 돈을 벌고 있었어요. 저는 그제야 깨달았어요. 자기가 좋아하는 일로도 돈을 벌 수 있다는 걸요. (중략)"[16]

존은 놀라운 직업 정신에 더해 자기가 좋아하는 일로 돈을 벌 수 있다는 깨우침까지 얻게 되면서, 그 뒤로는 어떤 것도 존을 막을 수 없었다.

·내 아이를 위한 1퍼센트의 비밀 _____

딸은 어려서 아직 가격 전략, 세무 전략, 인적 자원 관리 같은 주제에는 별 관심이 없다. 하지만 우리 부부는 딸이 자립성을 키워 가능한 한 많은 일을 스스로 해 보도록 격려해 주고 있다. 집안일에서부터(딸아이는 식탁을 닦을 때 같이 거들어 주길 정말 좋아한다) 옷 갈아입기, 공원에 나가 하고 싶은 활동 고르기에 이르기까지 여러 가지를 해 보게 한다. 나는 딸이 어릴 때부터 기업가에게 필요한 자유와 자립성을 갖도록 격려해 주고 있다. 부디 딸이 이런 격려에 힘입어 미래의 어느 날 자신의 길을 개척해 나갈 자신감을 갖게 되길 바란다.

이안 라이트(Ian Wright), 머천트 머신(Merchant Machine)

쿠바인인 부모님은 '어떤 물건이든 가져 본 적이 없어서'라며 우리가 무엇을 고장 내도 고칠 줄 몰랐다. 그래서 성미가 급하고 승부욕 강한 우리 형제는 어쩔 수 없이 임기응변력과 창의성을 발휘할 수밖에 없었다. 지금도 기억나는 사건은 닌텐도 컨트롤러가 부러졌을 때, 아이스크림 막대를 강력 접착테이프로 붙여서 썼던 일이다. 거짓말이 아니라 정말로…. 원래 컨트롤러보다 더 잘됐다!

라즈 버살레즈(Laz Versalles), 액세사 랩스(Accesa Labs)

이민자의 자녀로 부모님이 나를 잘 챙겨 줄 수 없었던 상황에서 기업가적 원동력을 키울 수 있었다. 부모님이 밥벌이하랴, 미국 생활에 적응하랴 바쁘다 보니 나는 혼자 방치되어 있을 때가 많았다. 그래서 어릴 때부터 내가 알아서 내 관심사를 발견하고 동기를 부여하며 자립성을 길렀다. 이런 자기 주도성은 지금 나에게 아주 톡톡하게 도움이 되어, 끊임없이 변하는 비즈니스 환경에서 특히 더 유용하게 활용하고 있다.

쿠인 마이(Quynh Mai), MI&C

스트레스를
줄이는
자신감이란

사업하는 사람은 자신감이 있습니다. 목소리를 크게 내거나 혼자만 얘기하려 드는 식의 자신감이 아닙니다. 자신의 존재나 신념에 확신을 갖고, 자신의 능력을 굳게 믿는 그런 자신감 말입니다.

많은 기업가들이 그렇듯, 저 역시 무대에 올라가거나 곤혹스러운 질문을 받고 누군가와 긴 얘기를 나누는 상황을 마다하지 않습니다. 어릴 때는 다른 사람도 모두 그렇겠거니 넘겨짚었지요. 스트레스, 불안, 긴장 때문에 하고 싶은 일을 해내는 능력에 지장을 받는 사람도 있다는 것은, 학교라는 울타리를 벗어나서야 알았습니다. 이전까지는 그런 문제를 실질적으로 생각해 본 적도 없다가 사람에 따라 그런 식으로 발목이 잡힐 수도 있다는 것을 알게 되자, 기분이 이상해졌지요.

스트레스를 긍정적으로 생각하게 하기

'stress'라는 단어는 두 개의 어원이 있습니다. 첫 번째 어원은 가장 빈번히 거론되는 'distress'입니다. '극도의 불안이나 슬픔이나 고통'을 뜻합니다. 두 번째 어원은 1975년에 한스 젤리에(Hans Selye)가 만들어 낸 'eustress'입니다. 글자 그대로 '좋은 스트레스'라는 뜻으로, 긍정적 감정이나 건강상의 유익과 연관된 압박을 의미하지요.[17]

물론 진짜로 '투쟁-도피 반응'(긴박한 위협 앞에서 자동적으로 나타나는 생리적 각성 상태-옮긴이)이 일어날 상황에 있다면, 즉 곰에게 쫓기거나 칼끝이 자신을 겨누고 있는 상황이라면 문제가 다르겠지만 일상적 상황에서는 스트레스가 유익할 수도 있습니다.

대다수 사람은 이야기를 나누기 전이나 카메라 앞에 서기 전, 또는 스포츠 대회 등 관중이 지켜보는 활동에 나서기 전에 뱃속에서 불안감이 스멀스멀 올라오는 경험을 합니다. 하지만 그 불안감이 걱정이나 긴장보다는 아드레날린의 분출에 따른 반응이라고 생각해 보는 건 어떨까요? 무대에 오르기 전에 생기는 그런 느낌에 부정적인 낙인을 찍으면, 사람들 앞에서 연설을 잘 해내기 위해 노력하기보다 피하려 드는 식의 결과로 이어질 수 있습니다. 저는 무엇인가를 하기 직전에 심장이 두근두근 빨라지면서 살짝 초조함이 들면, 아드레날린이 내 편에 서서 최고의 실력을 발휘하도록 도와주는 것이라고 좋게 받아들입니다. 그렇게 하면 초조함이 좋은 스트레스인 유스트레가 될 수도 있지요.

다른 사람의 자신감을 귀감으로 삼기

초등학생 때 같은 반에 언제 봐도 자신감이 넘치던 여학생이 있었습니다. 언제나 자신의 주장을 밝힐 줄 알고, 아무도 보는 사람이 없는 것처럼 거리낌 없이 운동장에서 춤추며 돌아다니고, 교내 연극 공연에서 앞에 나서거나 수업 중에 질문에 답하려고 손 들길 좋아하던 그 아이를 보고 있으면 경외심이 들 정도였지요. 당시에 저는 잠재의식적으로 그랬을 테지만, 그 아이의 행동에 관심을 돌리며 귀감으로 삼았습니다.

저는 내가 되고 싶은 사람을 정해 놓고, 그런 사람이 되려는 조치를 취하고 있었던 셈이지요. 얼마 지나지 않아 그런 귀감을 따르는 것이 습관이 되면서 그 친구의 행동에 관심을 돌리지 않아도 되었습니다. 저는 어느새 더 자신감 있는 사람이 되어 있었지요. 요즘엔 '내가 되고 싶은 그 사람은 내가 지금 하려는 이 일을 어떤 식으로 할까?'라는 자문을 던져 봅니다.

어떤 상황이든 긍정적으로 만들어 주기

어떤 일이 아주 어렵고 겁나는 일로 틀이 잡히면, 정말로 그런 일인 것처럼 대할 가능성이 있습니다. 반면에 아주 긍정적이고 신나고 즐거운 일로 틀이 잡히면 그와는 다르게 대하기 마련이지요.

제가 어렸을 때 부모님은 저를 도와주고 싶어 하면서도 제가 거뜬히 해낼 능력이 있는 것처럼 대했습니다. 부모님은 "네가 못할 이유가 어디 있어?", "무슨 큰일이야 나겠어?", "까짓것 힘들어 봤자지?"라고 말했습니다. 제가 자신감을 잃지 않게 필요한 관점에 눈뜨도록 도와주려던 것이었지요. 부모님 덕분에 괜한 걱정으로 너무 생각이 많았다는 것과, 또 하려는 일에 새로운 틀을 잡으며 각오를 다지는 것이야말로 겁이 날 만한 상황을 잘 해내기 위한 최선의 방법이라는 것을 깨달았습니다.

───────────────────────────────── **아이와 함께 실전 연습** 🔍

아이의 자신감을 키워 주려면 다음과 같은 일이 도움이 된다.

☐ 학교에서 하는 발표, 학예회, 시험 같은 행사에 겁내 하는 감정 덜어 주기
☐ 아이가 곧 겪게 될 일에 부정적인 낙인을 찍지 않도록 조심하기
☐ 무대 앞에 나서기 전에 생기는 불안감은 좋은 현상이라고 얘기해 주기
☐ 아이가 거뜬히 잘 해낼 능력을 갖추고 있다고 말하고, 도와주기도 하기
☐ 다른 사람의 자신 있는 모습에 주목하면서 그 사람을 따라 해 볼 방법을 얘기하기

크리스 가드너
Chris Gardner

투자사 가드너 리치 앤 컴퍼니(Gardner Rich & Company)의 창업자

영화 〈행복을 찾아서(The Pursuit of Happyness)〉의 실제 인물임.

"당시에 내가 처해 있던 처지와 연관된 명칭도, 부대 상황도, 사회 환경도 모르던 상태에서 나는 타고난 내 모든 인생 사이클을 깨기로 의식적으로 선택했다. 아동 유기, 아동 학대, 알코올 중독, 가정 폭력, 공포, 가난, 문맹 그 모든 사이클을 깨버리자고…"[18]

1960년대 말에 가드너는 엘드리지 클리버(Eldridge Cleaver), 마틴 루터 킹(Martin Luther King), 맬컴 엑스(Malcolm X) 같은 정치계 인물들에게 영향을 받았다. 가드너가 밝혔다시피 가드너의 어머니는 아들에게 자신의 능력을 믿고 자립의 씨앗을 뿌리라고 격려해 주며, "네가 의지할 수 있는 사람은 너 자신뿐이야. 널 도우러 달려와 줄 사람들은 없어"[19]라고 말해 주었다.

가드너는 어릴 때 긍정적인 남성 롤 모델을 별로 보지 못했다. 그러다 양부모 밑에서 크면서 처음으로 외삼촌 세 명(아치볼드, 윌리, 헨리)을 두게 되었는데, 세 외삼촌 중에서도 특히 헨리가 가드너에게 가장 큰 영향을 미쳐 긍정적인 아버지상이 절실하던 시기에 가드너에게 좋은 모범이 되어 주었다.

가드너가 기억하는 인생의 결정적 순간은 텔레비전에서 대학 농구 시합을 보고 있던 열여섯 살 때였다. 가드너가 그 시합에서 뛰고 있는 선수 한 명이 100만 달러를 벌게 될 거라고 말했을 때 어머니는 "아들, 언젠가는 100만 달러를 버는 사람이 네가 될 거야"라고 말했다. 어머니가 그런 말을 하기 전까지 가드너는 그런 생각을 한 번도 해 본 적이 없었다. 가드너는 어머니의 그 말을 마음에 새기며 이후로 수십 년이 지나도록 잊지 않았다.[20]

· 내 아이를 위한 1퍼센트의 비밀

부모님은 나에게 성공의 문을 열어 주었다. 아무리 생각해도 나는 어렸을 때 부모님을 실망시키거나 학교에서 낙제했던 기억이 없다. 부모님은 한결같이 나를 칭찬해 주고 응석을 다 받아 주었다. 잘못을 하려야 할 수가 없었다. 부모님의 든든한 지지 덕분에 나는 언제나 자신감에 차 있고, 어떤 일에도 두려워하지 않을 기반을 갖추었다. 만약에 낙제를 했더라도 다시 일어나서 그 일을 교훈 삼아 앞으로 나아갔을 것이다.

브리앤 로리스 드고드(Bryanne Lawless-DeGuede), BLND 퍼블릭 릴레이션스(BLND Public Relations)

아이에게 어릴 때부터 "넌 마음만 먹으면 무엇이든 할 수 있어"라고 말하는 부모가 있는데, 이 말은 다소 진부하긴 해도 울림이 크다. 나 또한 부모님에게 그런 말을 들으며 응원을 받은 덕분에 부모님을 믿고 나 자신의 능력을 믿게 되었다. 어린 소녀 시절부터 나는 결의와 집중력을 발휘하며 목표를 이루기 위해 적극적으로 밀어붙였다. 학교나 운동 단체 모금 행사에서 초코바나 잡지나 걸스카우트 쿠키를 팔기로 마음먹기도 했는데, 목표를 세우면 대개 이루어 냈다.

로미 타오르미나(Romy Taormina), 프시 밴즈(Psi Bands)

새아버지는 나에게 학구열, 강한 절제심, 잘 해내려는 열의를 심어 주었다. 자신감의 중요성도 알게 해 주었다. 그리고 내가 어떤 질문에 답을 하면 언제나 "확실해?"라며 되물었다. 내가 확실하다고 대답하면 다시 팔꿈치로 쿡 찌르며,

"그게 맞는 답이라고 100퍼센트 확신해?"라며 또 한 번 묻기도 했다. 이 두 번째 말 뒤에 내가 포기하면 "맞는 답이었어. 너 자신을 의심하지 말렴"이라고 말해주고는 했다.

경쟁이 심한 IT 업계에서 여성 CEO로 일하고 있는 현재, 나는 어린 시절에 들었던 그 말을 자주 떠올린다. 이 세계에서 자신감은 필수이고 강단은 결정적인 역할을 하기 때문이다.

오텀 매닝(Autumn Manning), 유언드잇(YouEarnedIt)

아이를
나다운 사람으로
키운다는 것

"나는 나야! 내가 나인 건 멋진 일이야!" [21]

　제가 정말 좋아하는, 동화 작가 닥터 수스(Dr.Seuss)의 명언입니다. 마크 트웨인(Mark Twain)의 "다수의 편에 서게 될 때는 언제든 잠시 멈춰서 자신을 되돌아봐야 한다" [22]라는 명언도 좋아하지요.

　기억을 더듬어 보면, 우리 집에서는 '정상적'이라는 말이 일종의 금기어로 통했습니다. 부모님이 우리가 생각하기에 당혹스러운 행동을 했을 때 우리 자매 중 누가 "좀 정상적으로 하면 안 돼요?"라고 징징대면 부모님은 "정상적인 건 재미없잖아!"라고 말했지요. 우리 자매가 정상적이 되어서 사람들과 잘 어울릴 수 있을 만한 행동을 하려고 기를 쓰지 않게 된 것은 확실히 그런 말을 듣고 자라서였다고 봅니다. 우리 자매에게 사람들과 잘 어울리는 것은 야심찬 목표가 못 되지요. 오히려 특출난 사람이 되는 것이 야심찬 목표입니다.

우리 자매는 다른 사람과 똑같이 행동하도록 강요받은 적이 없었고, 그 덕분에 저는 득을 봤습니다. 부모님은 항상 "다른 관심사를 펼쳐 보고 싶니?", "다른 메뉴를 주문하고 싶니?", "그렇게 해라", "남들 눈을 의식한 옷이 아니라 편안한 옷을 입고 싶니?", "그래도 괜찮다", "혼자만의 시간을 보내며 책을 읽고 싶니?", "주위 사람들 모두 직장에 다니는데 너는 사업을 시작하고 싶니?", "하고 싶은 대로 해 봐라"라고 말해 주셨지요.

이렇게 하고 싶은 대로 행동하면 처음에는 별난 옷을 입거나 의문스러운 결정을 내릴 수도 있지만, 나중에는 남과 다르게 행동하고, 위험을 감수하며, 압력에 굴복하거나 남들이 다 그런다는 이유로 따라하지 않는 일에 자신을 갖게 될 수 있습니다.

형제나 가족 사이에서 또는 거주 도시와 문화와 국가 내에서 '정상'에 해당하는 기준은 서로 다르기 마련입니다. 모든 사람은 저마다 견해가 다르며, 그것은 가족도 마찬가지입니다. 어느 한 집단이나 미디어의 주장이나 문화적 기준에 맞추려 노력해 봐야 의미 없는 일일 수 있습니다. 그것이 아이의 마음을 닫고 가능성을 제한하고 진전과 행복을 막을 수 있기 때문이지요.

"사업으로 성공하려면 무자비하고 야비해야만 한다"라는 말을 한 사람은 정말로 그렇게 믿고 있을 수 있지만, 그것은 어디까지나 그 사람 자신의 경험에 바탕을 둔 생각일 뿐입니다. '정상'도 이와 같아서, 주관적인 생각에 불과하지요. 그러니 아이에게 다른 누군가의 견해를 꼭 기준으로 삼아 줄 필요는 없습니다.

아이와 함께 실전 연습 人

☐ 아이의 선택이나 꿈을 지지해 준다. 일반적인 선택이 아니더라도 아이가 기꺼이 스스로 생각하고 행동할 의지를 보여 왔다면 그 선택을 지지해 주어라.

☐ 아이가 모르는 사람의 선택을 두고 비난하지 않게 한다. 누가 별난 옷을 입고 다니거나 다소 괴상한 행동을 하더라도 비하하거나 흉보는 말보다는 칭찬하는 모습을 보여 주어라. 아예 이러쿵저러쿵하지 않으면 더 좋다.

☐ 아이에게 차이를 세상이 흥미로운 곳이 되는 데 필요한 요소로 바라보게 하고, 어떠한 차이든 인정해 주고 눈여겨보는 연습을 시킨다.

☐ 아이에게 다른 배경을 가진 사람을 접하게 해 주어 '정상'에 대한 다른 사람의 견해는 어떻고, 여러 문화와 가족 사이에 얼마나 큰 견해 차이가 날 수 있는지를 듣고 느끼게 해 준다.

☐ 대안을 주제로 삼아 차이를 좋은 것으로 평가해 보고, 모든 사람이 다 똑같다면 얼마나 재미없을지 아이와 상상해 보는 시간을 가진다.

· 내 아이를 위한 1퍼센트의 비밀

1970년대에 뉴욕시의 그리니치 빌리지(예술가·작가가 많은 주택 지구-옮긴이)에서 자란 부모님은 나에게 창의성, 독자성, 자기 주도성을 길러 주었다. 배우였던 아버지와 사진작가였던 어머니 밑에서 자란 덕분에 나는 창의성을 펼치며 세상을 나만의 시각으로 바라볼 수 있었다. 부모님은 내가 창의성을 나만의 특별함, 즉 나의 고유성으로 여기길 바랐다.

어머니가 나를 창의적이고 독립적인 사람으로 자라도록 가르친 방법 중 하나는 매일 혼자 알아서 옷을 갈아입게 시킨 일이었다. 단순히 혼자 옷을 입게 한 것만이 아니라 입을 옷도 직접 고르게 했다. 그러다 코듀로이 바지에 스타워즈 티셔츠, 세로줄 무늬 재킷을 맞춰 입고 프로케즈 캔버스화를 신고 학교에 가더라도 그냥 알아서 하게 내버려 두었다. 나는 창의성, 독자성, 자기 주도성이 모두 미래 인재에게 꼭 필요한 자질이라고 생각한다.

저스틴 토빈(Justin Tobin), 디디지(DDG Inc)

부모님은 내가 '일반적인 길'에서 벗어나 사람들이 하는 대로 따라 하지 않고 싶어 할 때면 "네가 원하면 무엇이든 할 수 있고 무엇이든 될 수 있다", "너는 똑똑하니 잘 해낼 수 있다"라고 말하며 언제나 응원해 주었다. 내 별난 아이디어를 격려하며, 남들과 다른 결론에 이르면 그 논리를 재미있게 들어 주었다. 나는 그런 든든한 지지에 힘입어 자신감을 얻었을 뿐만 아니라, 실패를 두려워하지 않는 적극성도 발휘할 수 있었다. 부모님은 내 실수를 붙잡고 꼬치꼬치 지적하는 경우가 없었고 오히려 같은 실수를 반복하지 않게 그 실수를 교훈으로 삼아야 한다고 얘기해 주었다.

페이지 아노프 펜(Paige Arnof-Fenn), 메이븐스 앤 모굴스(Mavens & Moguls)

부모님은 호기심, 관찰, 탐구심이 중요하다고 늘 강조했다. 또 규칙에 의문을 가지라고도 가르쳤다. 때때로 규칙은 현상 유지를 바라는 사람들이나, 모두에게 최선이 아닐 수도 있는 목표를 가진 관료들이 정하기도 한다는 이유 때문이었다. 타당한 근거가 있다면 규칙을 깰 줄도 알아야 한다는 사고방식을 몸소 보여 주었다.

내가 고등학생 때 일이다. 나는 월요일과 화요일마다 학교에서 별로 배우는 게 없다는 생각이 들었다. 그 이틀의 수업에 들어오는 선생님들은 별로 열의가 없었기 때문이다. 그날의 수업은 나 혼자서도 공부할 수 있을 것 같았다. 부모님은 내가 시간을 잘 쓰고 있다는 것이 확실하기만 하면, 이틀은 학교에 가지 않아도 뭐라고 하지 않았다. 이 일을 계기로, 표준이나 일반적 관행에서 벗어나는 결정이더라도 자신 있게 나만의 독자적 결정을 내릴 줄 알게 되었다. 나의 이런 성장담이 다른 사람들이 듣기엔 아주 이상하게 생각될지 모르지만, 나에게는 지극히 정상적이다.

시디 메타(Siddhi Mehta), 리듬108(Rhythm108)

미래 직업에 대해
이야기하기

　어렸을 때 마트 계산원이 되는 것이 꿈이었습니다. 장을 보고 무엇을 할지, 마트에서 사 간 재료로 무엇을 만들려고 하는지 등을 손님과 얘기하는 것이 재미있겠다고 생각했습니다. 상품을 스캔할 때 나는 삑 소리도 듣기 좋았지요. 더군다나 일하는 마트에서 무료로 음식을 얻을 거라는 생각에 들떴지요. 정말로 그런다는 근거도 없이, 혼자 그런 생각을 하며 좋아했습니다.

　이제 현재로 시간을 빠르게 돌려 봅니다. 미국의 소매업 일자리는 2017년 1월 이후로 14만 개가 줄었습니다.[23] 일자리가 줄어든 주된 원인은 온라인 쇼핑과 자동화된 셀프 계산대 때문입니다. 그러니 어릴 적 꿈이 학교를 마칠 때까지 바뀌지 않고 그대로였다면, 저는 수명이 짧은 직무로 들어섰을 뻔했지요.

문득 열여섯 살 때 학교의 진로 상담사에게 상담을 받아 보려 했던 일이 기억납니다. 그때 제가 SNS 관리자가 되고 싶다고 말했다면, 상담사는 저를 이상하게 쳐다봤을 것입니다. 그때는 있지도 않았던 직업이니 말이지요. 페이스북이 막 개발되어 아직 더페이스북(The Facebook)으로 불리고 있었습니다. 그런데 불과 6년 뒤에 저는 독자적인 SNS 관리 대행업체를 세웠지요.

우버 택시 운전사들과 자율 주행차 이야기를 할 때마다 놀라지만, 우버 운전사들은 앞으로 20년 동안은 자율 주행차가 대세로 자리 잡지 못할 거라고 생각합니다. 우버가 이미 자율 주행 차량을 테스트하고 있는데도 말이지요. [24]

2013년에 진행된 옥스퍼드 대학교의 한 연구에서 예측된 바에 따르면, 미국의 기존 일자리 가운데 47퍼센트가 향후 20년 사이에 자동화될 위기에 처해 있다고 합니다. [25] 이제는 여러 일자리뿐만 아니라, 일자리의 수요, 일자리에 요구되는 기량까지 놀라울 만큼 빠르게 변화하고 있지요. 미래의 꿈을 세울 때는 가치가 얼마나 높아질지, 얼마나 많은 변화가 일어날지와 더불어, 심지어 얼마나 재미있을지까지도 함께 따져 봐야 합니다. 진로의 꿈을 특정 직무와 연계 짓는 일은 별 도움이 안 됩니다. 그 직무가 미래에는 아예 존재하지 않을 가능성도 있기 때문이지요.

☐ 아이와 함께 특정 직무에 종사하는 어떤 사람을 만나면 "그 일을 좋아하시나요?"라고 물어본다.

☐ 아이에게 특정 직무의 일상적 측면에 대해 살펴보면서 어떤 부분이 재미있거나 어려울 것 같은지 등을 얘기해 본다.

☐ 가게 점원, 의사, 운전사 등 특정 직업이 미래에도 살아남을 가능성이 어느 정도 되는지 생각해 보게 한다.

☐ 아이에게 '그 직업도 로봇이 대체할 수 있을까?'와 같은 질문을 하고 답하게 한다.

리처드 브랜슨 경
Richard Branson
버진(Virgin) 그룹 창업자

2000년 3월에 버킹엄 궁에서 '기업가 정신을 드높인' 공로로 기사 작위를 수여 받음.

브랜슨은 어릴 때 어른들과 말을 잘 못하며 어머니의 치맛자락에 매달려 다녔다. 어머니인 이브는 아들이 나이를 먹으면서 낯가림 때문에 사회성이 약해질까 걱정되어 아들의 앞날을 준비시키기 위해 흥미로운 방법을 썼다. 버진 웹 사이트에 실린 한 기사에 따르면, 이브는 브랜슨에게 낯가림은 다른 사람을 기쁘게 해 주길 바라기보다 자신만 생각하는 일종의 이기심이라고 차근차근 얘기해 주었다고 한다. 그리고 아들을 부모의 보호막 밖으로 끌어내기 위해 응원하기도 했다.

그 일화 중에 하나로 브랜슨이 여섯 살 때 일이다. 이브는 근처 동네로 쇼핑을 다녀오는 길에 집에서 4.8킬로미터 정도 떨어진 곳에 차를 세우고 아들을 내리게 했다. 그러면서 사람들에게 길을 물어 가며 혼자 집을 찾아오라고 말했다. 브랜슨은 몇 시간이 지나서야 집을 찾아왔지만, 그 일 덕분에 어려움에 직면해도 어느 정도 의연함을 가질 줄 알게 되었다.

훗날 브랜슨의 말을 그대로 옮기자면 "어른들을 대하고 내 생각을 밝히는 일이 더 편해졌다"라고 한다. 브랜슨은 부모의 이런 양육법 덕분에 "인생과 사업에서 신나는 진로를 그려 나갈 수 있었다"라고 회상했고, 이렇게 덧붙였다.

"사람에 따라 어머니의 양육 방식에 이의를 달지 모르고, 나도 사람들에게 어머니의 방식을 강요하지 않는다. (중략) 하지만 어머니의 양육 방식을 통해 나는 삶의 **가장 중요한 교훈을 배웠다고 생각한다. 성장하려면 안전지대 밖으로 나가야 한다"**[26)]

· 내 아이를 위한 1퍼센트의 비밀

나는 아주 행복한 유년기를 보냈고, 어린 시절 가족에게 아주 좋은 기억이 있다. 하지만 그 시절에 부모님 두 분 모두 아주 열심히 일하는 것처럼 보였는데도, 우리 집이 종종 돈에 쪼들리고 있다는 사실을 눈치챘다. 그래서였는지 다섯 살 때쯤부터 나는 일을 할 수 있을 만큼 나이를 먹으면, 돈을 아주 잘 버는 직업을 갖겠다고 생각했고, 아버지에게 그런 직업이 무엇인지 물었다. 아버지는 별 생각 없이 '총리'라고 대답해 주었다. 그래서 나는 어릴 때 가족에게 총리가 되고 싶다고 말하고 다니며, 가족을 재미있게 해 주었다.

그렇게 수년이 흐른 어느 날, 총리가 되면 확실히 돈은 잘 벌겠지만 총리가 단지 경제적 안정만을 위해 꿈꿀 만한 직무는 아니라는 것을 깨달았다. 돌이켜 보면, 투자 은행에서 일을 하기 시작한 뒤로 내 삶에서는 돈이 지나치게 중요시되고 있었다. 그러다 그 업계에서 손을 떼고 SBD를 세우면서 이제 내 초점은 돈에 쏠리지 않게 되었다. 이제는 최고의 상품을 개발하고, 내가 좋아하는 스포츠를 판촉하고, 자부심이 느껴질 만한 브랜드를 구축하고, 내 가치를 공유하는 쪽으로 초점이 바뀌었다.

벤 뱅크스(Ben Banks), 에스비디 어패럴(SBD Apparel)

나는 콕 짚어서 기업가가 되라고 부추긴 것은 아니지만 어쨌든 성공하도록 격려하는 가정에서 자랐다. 흥미롭게도 우리 아홉 형제 중 여섯 명이 사업을 시작했고, 네 명은 아주 큰 성공을 누려 왔다. 내가 어린 시절에 본 뒤로 지금까지도 기억하는 글귀가 떠오른다.

'다른 누군가를 위해 일하면 편하게 살 수 있다. 하지만 당신 자신을 위해 일하면 부자가 될 수 있다'

노엘 패럴리(Noel Farrelly), 틸니 그룹(Tilney Group)

이제 여덟 살이 된 조카딸은 내가 일하는 공간에서 나와 함께 있길 좋아한다. 나는 시드니와 뉴욕을 오가며 팟캐스트 방송을 하고 있어서 조카는 직접 출연하거나 영상 통화를 통해 내 방송에 나온다. 조카가 어떤 문제에 부딪치면 나는 조카에게 어떻게 문제를 해결하면 좋을지 가르쳐 준다. 우리는 역행 분석(특정 제품을 분해, 분석하여 다른 제품에 응용하는 것-옮긴이)에 공을 들이고 있기도 하다. 조카는 직업을 갖는 일에 여러 대안이 있다는 것을 알고 있다. 조카와 나는 아직 생기지도 않은 분야에서 일하게 될 가능성에 대한 얘기도 나눈다.

켈리 글로버(Kelly Glover), 더 탤런트 스쿼드(The Talent Squad)

핑계
대지 않는
태도

　세필드 대학교에 다닐 때 크로스컨트리 팀에 들어갔습니다. 우리 팀은 크로스컨트리 경주, 10킬로미터 달리기, 하프 마라톤을 위한 훈련으로 단거리 달리기와 장거리 달리기, 트랙 훈련, 파틀렉(속도와 노면의 형태를 달리해 가면서 하는 달리기 훈련법-옮긴이), 언덕 전력 질주 등을 했지요. 세필드는 언덕이 많은 도시입니다. 팀원들 모두 언덕 훈련이라면 질색을 했고, 특히 비 오는 날에는 더했지요. 쏟아지는 빗속에서 언덕을 달려 오르기 위해 아늑한 기숙사에서 몸을 질질 끌고 나가는 것은 재미있을 만한 일이 아니며, 저에게도 마찬가지로 재미있는 일이 아니었습니다.

　크로스컨트리 팀의 코치는 날씨가 춥거나 비가 와도, 또 언덕의 경사가 험해도 개의치 않았습니다. 코치는 우리가 날씨와 상관없이 훈련을 열심히 하기를 원해서 언덕 훈련을 가면, 팀원 전원에게 "우리는 언덕을 사랑한다"라는 구호를 외치며 언덕을 달려 오르게 했지요. 비가 내리는 날에는 "우리는 비를 사랑한다"라는 구호를 외치게 했고요. 우리는 훈련 내내 그런 구호를 반복해서 외쳤습니다. 그 덕분에 어떤 식으로든 날씨 핑계를 대지 않았을 뿐만 아니라, '비가 온다'는 핑계를 대는 게 얼마나 어리석은 일인지도 깨달았지요. 지금 생각해 보면, 우리도 모르는 사이에 외부 환경에 상관없이 훈련에 임하도록 훈련되었다는 확신도 듭니다.

팀 페리스(Tim Ferriss)의 《타이탄의 도구들(Tools of Titans)》에서 보면, 체스 그랜드마스터이자 브라질 주짓수 검은 띠 유단자인 조시 웨이스킨(Josh Waitzkin)은 아들에게 통제력을 심어 주기 위해 날씨에 대한 현대의 양육 기준을 뒤집었습니다. 웨이스킨은 부모님이 날씨와 관련해서 비생산적인 언어를 사용한다는 점에 주목했습니다. 부모님은 대체로 날씨가 좋거나 나쁘다는 식으로 표현하며 날씨에 따라 행동하고 있었지요. 다음은 웨이스킨의 말입니다.

"잭과 나는 태풍이 오거나 비나 눈이 와도 한 번도 거르지 않고 밖에 나가서 즐겁게 뛰놀았다. (중략) 날씨를 찬미하는 표현도 늘었다. 이제 비가 올 때마다 잭은 이런 식으로 말한다. '봐요, 아빠, 비가 정말 예쁘게 와요.'"[27]

제 이야기로 다시 돌아가서, 그때 크로스컨트리 팀이 비가 올 때마다 훈련하러 나가지 않았다면 어떻게 되었을까요? 또는 추위와 더위를 핑계로 내세워 아무것도 하지 않았다면요? 결국엔 골디락스(영국의 전래 동화 《골디락스와 세 마리 곰》에서 유래된 말로, 뜨겁지도, 차갑지도 않은 이상적인 경제 상황을 골디락스라고 함. 경제 분야 외에 마케팅, 의학, 천문학 등에서도 사용됨-옮긴이) 식의 태도를 가져 완벽한 조건이 갖추어져야만 훈련을 했겠지요. 열심히 훈련하길 포기하고 실력 향상을 기회의 손에 내맡겼을 것입니다. 굳이 그렇게 할 필요는 없습니다.

──────────────────────────────── 아이와 함께 실전 연습 ⚲

☐ 아이와 함께 헌신할 일을 글로 적어 본다. 각 문장을 '앞으로 나는 …할 것을 다짐해'라는 식의 문장으로 쓰길 권한다.
☐ 아이가 힘든 시기에는 재밋거리를 찾도록 유도하라. 쉬운 일만이 아니라, 난관 자체와 그 난관을 극복해 나가는 즐거운 일로 연결 지어 생각하게 하라.
☐ 아이가 날씨를 어떤 일을 안 하기 위한 핑계로 삼지 않도록 권유한다.
☐ 아이가 일어날 만한 상황을 예방하도록 준비시킨다. 이러저러한 일이 일어나면 어떻게 할지 물어보면 된다.
☐ 아이가 앞으로 있을 만한 문제의 해결책을 대비할 수 있게 한다. 예를 들어, 날씨에 대해서는 우산, 무릎까지 오는 고무장화, 성에 제거기, 선글라스 등을 준비해 두는 식이다.
☐ 아이에게 열심히 해서 끝까지 해냈을 때 좋은 일이 일어났던 순간을 상기시켜 준다.

・내 아이를 위한 1퍼센트의 비밀 _____

부모님은 날씨가 어떻든 개의치 않고 일 년 내내 밖에 나가 놀게 했다. '안 좋은 날씨 같은 건 없고, 안 좋은 옷차림이 문제일 뿐'이라는 주의였다. 나는 어릴 땐 그 말이 싫었지만, 결과적으로는 덕분에 적절한 도구를 미리 준비해 두는 것이 유리할 때도 있다는 사실을 알게 되었다. 이런 태도는 사업을 할 때 경쟁 우위를 지키는 데 특히 유용했다.

니클라스 잉그바르(Niklas Ingvar), 멘티미터(Mentimeter)

아버지는 아주 어릴 때부터 나에게 신념을 따를 용기를 심어 주었다. 현재 아버지가 된 나도 아이들에게 똑같은 태도와 직업관을 심어 주면서, 그동안 그런 태도를 따르며 내가 배웠던 몇 가지 지침도 함께 일러 주고 있다.

"난관을 자기 계발과 성장의 기회로 바라보기 시작하면, 성공을 위한 확실한 발판이 다져진다. 신념과 용기를 가져라!"

브래드 베커만(Brad Beckerman), 스틸하우스 스피리츠(Stillhouse Spirits Co.)

나는 아이들을 키울 때 특별한 원칙을 다 외울 만큼 말하고 또 말해 줬다. 지금껏 내 인생 신조로 삼아 왔고 아이들에게도 따르도록 격려하는 원칙은 바로 '약속 시간 지키기', '정중한 부탁과 감사의 말을 잘하기', '말한 대로 행동하고 시작한 일은 끝맺기'이다. 생각보다 이 원칙을 항상 지키는 사람은 그리 많지 않다.

노엘 패럴리(Noel Farrelly), 틸니 그룹(Tilney Group)

통제할 수 있는 것을 구분하는 능력

통제력 안에 있는 것과 통제력 밖에 있는 것은 서로 큰 차이가 있습니다. 통제력 안에 있는 것에 초점을 맞추면 강력한 힘을 쥐게 됩니다. 삶의 운전석에 앉아 어떻게 말하고 무엇을 행할지, 또 언제 말하고 행할지를 스스로 결정하게 되지요. 통제력 밖에 있는 것에 초점을 맞추면 별 도움이 안 될뿐더러 결국엔 좌절, 불안, 무력감에 이르고 맙니다.

통제력 안에 있는 것과 통제력 밖에 있는 것의 구별 방법을 빨리 터득할수록 더 빠르게 의식적 행동을 할 수 있게 되어 '…했으면 좋겠어'의 태도를 '…를 하겠어'의 태도로 더 빨리 전환할 수 있습니다. 이 둘을 구별하면 인과 과정에 대한 사고력도 갖게 됩니다. 통제력 안에 있는 일에 초점을 맞춰 행동하면 어느 정도의 결과를 내 주기 때문이지요. 통제력 밖에 있는 일에 초점을 맞춰 행동하면 그런 결과를 낼 수가 없습니다.

이 대목에서 샌디에이고 중심가의 해산물 레스토랑에서 식사할 때의 일화가 생각납니다. 우리가 앉은 자리 옆에는 다섯 명의 가족이 앉아 있었습니다.

다들 음식을 받았는데, 막내딸은 아직 나오지 않은 스무디를 기다리는 중이었지요. 그 아이가 어머니에게 스무디를 먹고 싶다고 보채자, 어머니는 정답고 다정한 말투로 "그럼 어떻게 하는 게 좋을까?"라고 물었지요. 그 상황이 딸의 통제력 안에 있다는 점을 강조해 주려는 의도의 말이었지요. 아이는 잠깐 생각을 해 보다 서빙 직원에게 스무디에 대해 물어보는 게 가장 좋은 방법일 것 같다고 결정했지만, 막상 행동으로 옮기길 불안해했습니다. 그때 아이 어머니가 다시 한번 "그럼 어떻게 하는 게 좋을까?"라고 말했습니다. 아이는 물어보고 싶다고 대답했고, 아이 어머니는 아이가 서빙 직원에게 스무디는 어떻게 된 건지를 어떻게 물어보면 좋을지 연습해 줬지요. 아이는 자신감을 얻고 서빙 직원에게 가서 물어봤습니다. 서빙 직원은 깜빡했다고 사과했고, 3분쯤 뒤에 스무디가 나왔습니다. 온 가족이 아이에게 잘했다고, 물어볼 용기를 내서 기특하다고 칭찬해 주었습니다.

그저 짧은 질문을 상냥하게 물어보는 행동일 뿐이었지만, 실행해 내는 아이의 모습이 신통했습니다. 당신도 아이가 당신에게 보챌 때마다 화내지 않고, 아이에게 "그럼 어떻게 하는 게 좋을까?"라고 물어 보면 어떨까요?

_____ 아이와 함께 실전 연습 ✍

아이에게 통제할 수 있는 범위에 있는 것에 대해 이야기해 준다. 예를 들어, 자신이 하는 말, 대응 방법, 배움의 정도, 독서의 양, 노는 시간 등이 있다. 반대로 통제할 수 없는 범위에 있는 것에 대해서도 이야기해 준다. 예를 들어, 날씨, 다른 사람이 하는 말, 뉴스 속 사건, 다른 사람의 행동, 차의 속도 등이 있다.

위의 예를 활용해 어느 쪽에 초점을 맞춰 행동하면 좋을지 아이와 함께 살펴본다.

☐ '날씨가 화창하면 좋겠어'보다는 '비가 올 경우에도 대비해 놓자'로 초점을 바꾸자.
☐ '시험 문제가 쉬우면 좋겠어'보다는 '어떤 문제가 나와도 답할 수 있게 공부해 두자' 로 초점을 바꾸자.
☐ 가족 사이의 일 중에 통제할 수 있는 것과 통제할 수 없는 것을 구별해 보도록 하는 것도 좋다.

⋅내 아이를 위한 1퍼센트의 비밀 _____

우리 가족은 개인적 책임과 주체성을 크게 중시했다. 마음에 들지 않거나 동의하지 않는 일이 있으면, 이를 바꾸려는 책임과 바꿀 만한 능력을 가지라는 말을 자주 들으며 컸다. 그래서 집이 지저분하다는 생각이 들면 뒷정리 잘하기 같은 일상적 일에서부터 학교에서 자원봉사 활동 조직하기 같은 규모가 큰 일에 이르기까지 이런 자세를 가졌다. 지금까지 기업가로서 나를 분발시킨 원동력은 실질적 변화를 일으키려는 책임감과 나 자신의 잠재력에 대한 믿음이었다.

니콜라 발디코프(Nikola Baldikov), 브로식스(Brosix)

아버지와 어머니는 모두 나를 키우며 불평을 늘어놓을 게 아니라 책임을 갖고 행동해야 한다고 가르쳤다. 실수를 했다면 그 실수에서 교훈을 얻어 조정하고, 어떻게도 손을 쓸 수 없는 상황이라면 통제력 안에 있는 일 쪽으로 초점을 맞추라고도 가르쳤다. 자신을 먼저 들여다보지 않은 채로 밑에서 일하는 사람에게 책임을 전가하지 말라는 가르침 또한 주었다. 밑에서 일하는 사람이 적절한 훈련과 지원을 받지 않았거나 애초에 잘못 채용되었을 가능성도 있고, 그럴 때 궁극적으로 그 결과는 내가 통제할 수 있는 일이라고 말이다.

트래비스 벵그로프(Travis Vengroff), 풀 앤 스칼라 프로덕션즈(Fool & Scholar Productions)

불평하지 않는
습관 들이기

　예전에 휴가를 갔다 호텔에 묵던 중 불평을 낙으로 삼는 듯한 어떤 투숙객을 본 일이 있습니다. 그 남자는 저녁 식사를 하다가 탁자가 흔들거린다고 불평했습니다. 다음 날 아침 식사를 하면서도 또 탁자가 흔들거린다고 불평했지요. 점심 식사 때도 마찬가지였습니다. 그 사람은 그냥 불평하면서 주변의 온갖 일에 참견하길 좋아했던 것입니다.

　다음 날 아침을 먹으러 내려갔더니 탁자의 절반이 없어져 있었습니다. 알고 보니 탁자가 '안 흔들거리게' 손보려고 치운 것이지요. 이제 그 투덜쟁이 투숙객은 아침을 먹을 자리가 날 때까지 더 오래 기다려야 했고, 그 일로도 불평을 했습니다.

여행 정보 사이트 트립어드바이저(TripAdvisor)에서 영국의 가장 높은 산 벤네비스를 찾아보면, 더러 리뷰 별점 1점을 준 경우가 보입니다. 그런데 이렇게 1점을 준 어떤 사람은 "그 산이 너무 높아서 오르는 데 너무 오래 걸린다"라는 불평을 달았지요. 불평은 때때로 재밌거리가 될 수도 있지만, 대부분은 소모적입니다.

누군가의 말처럼, 불평이란 "문제를 해결할 다음 조치는 언급도 없이 어떤 일이나 사람을 안 좋게 말하는 것"[28]입니다.

누구나 주변에 불평을 입에 달고 사는 사람이 있을 테지만, 그런 사람과 있다 헤어질 때는 평소답지 않게 부정적인 기분에 젖게 됩니다. 불평은 전염되기 쉽습니다. 부정적이고 무력한 사고방식에 너무 오래 젖어 있다 보면, 내면의 목소리가 바뀝니다. 내면의 목소리가 바뀌면 생각과 말과 행동도 바뀌지요. 현재의 순간을 바꾸고, 그 결과로 과거와 미래까지도 바꿀 수 있습니다.

'불평하지도, 변명하지도 말라'라는 격언은 영국의 정치가이자 총리를 지낸 벤저민 디즈레일리(Benjamin Disraeli)가 처음 한 말인데[29], 훗날 왕족에서부터 해군 제독과 스탠리 볼드윈(Stanley Baldwin)과 윈스턴 처칠(Winston Churchill) 같은 또 다른 총리에 이르기까지 수많은 영국 고위층 인사들이 이 말을 모토로 채택한 바 있습니다.

불평하는 행동에 담긴 암시적 의미를 파헤쳐 보면, 어떤 사물에 대한 그 부정적 판단을 중요시하고 있는 것이지요. 어떤 사물이, 심지어 산마저도 우리의 판단을 받기 위해 존재한다고 보는 것입니다. 하지만 그렇지 않다면 어찌할 수 있을까요? 그냥 존재하는 것이라면요? 우리가 견해를 내세울 필요 없이 사물을 있는 그대로 바라보며, 그냥 어떠한 상황이든 최대한 활용하려는 습관을 들이면 어떨까요? 어떤 문제를 알아보고 해결책을 세우는 것과 야단을 떨며 투덜거리길 좋아하는 것은 별개의 일입니다.

_____ 아이와 함께 실전 연습 ↗

혹시 아이가 불평을 늘어놓고 있다면, 다음의 전략을 활용해 그날을 불평하며 보내지 않도록 다잡길 권한다.

☐ 아이가 불평하려는 기색이 보이면 "불평해서 뭐 하려고?"라고 질문한다.
☐ 문제의 해결책에 관심의 초점을 맞추고, 무익한 생각의 미로에 빠지지 않도록 아이 마음을 다잡도록 한다.
☐ 아이가 다른 생각을 하도록 도와준다. 어떤 상황이든 다른 방향이 있다고 이야기해 준다. 가령, 흔들거리는 탁자도 바닥에 안정감 있게 고정될 때까지 빙 돌려 보거나, 다리 한쪽 밑에 받칠 만한 것을 만들어 밀어 넣으며 놀잇거리로 삼으면 된다. 높은 산을 등반하는 일은 식욕을 돋우거나 새로운 등반 기록을 세울 좋은 방법이라고 이야기한다.

· 내 아이를 위한 1퍼센트의 비밀 _____

우리 집에서는 불평에 대해 엄한 방침을 마련해 놓고 있다. 꼭 필요한 경우가 아니면 부정적인 말은 하지 않게 한다. 아이들이 불평을 하면 바르게 처신하라고 상기시켜 주기만 하면 된다. 조르는 것도 불평과 비슷한 행동으로 보고 경고를 주고, 그래도 안 통하면 벌을 준다.

로라 헌터(Laura Hunter), 래쉬라이너(LashLiner LLC)

우리 집에서는 아이가 옷 갈아입기나 책가방 싸기 같은 일상적인 일과로 징징거리거나 울면, 막대기에 집안일을 적어서 꽂아 놓은 병에서 막대기 하나를 뽑아 끝마치게 한다. 그렇게 안 하면 막대기를 또 하나 뽑아야 한다.

케이티 킴볼(Katie Kimball), 키친 스튜어드십(Kitchen Stewardship LLC) 및
키즈 쿡 리얼 푸드 이코스(Kids Cook Real Food eCourse)

우리 집에서는 불평을 하면 "네가 눈물이 찔끔 나게 혼나 봐야겠구나"라는 식의 말을 듣는 것이 보통이었다.

존 프리고(John Frigo), 마이 서플러먼트 스토어(My Supplement Store

2

상위 1퍼센트
자녀로
키우는 기술

—

The art of mothering is to teach the art of living to children.

자식 키운다는 것은 자녀에게 삶의 기술을 가르치는 것이다.

일레인 헤프너
Elain Heffner, 미국의 정신과 의사이자 부모 교육가

"어떤 일을 하고 계세요?"라는 말은 얘기를 나누다 보면 흔히 듣는 질문이지만, 여기에 모두가 쉽게 답할 수 있는 건 아닙니다. 직업이 소방관, 경찰관, 간호사라면 자기가 하는 일을 다섯 살짜리 아이에게도 아무 문제없이 설명할 테지만, '기업가'라는 직업은 무슨 일을 하는 사람이라고 설명해야 할까요?

'저는 비전을 세우고, 상업상의 위험을 감수하고, 자원을 활용하고, 상품을 혁신하고, 인재를 채용하고, 영업도 하고, 팀원들이 뛰어난 실력 발휘를 하도록 유도해 주는 일을 하고 있습니다'라는 식의 말은 금화가 종이 지폐보다 가치가 낮은 이유를 아직 잘 모르는 어린아이는 말할 것도 없고, 어른도 관심을 보일 만한 대답이 아닙니다.

기업가에게는 아주 다양한 기량이 필요하지만, 기업가의 핵심적 활동은 궁극적으로 다음의 세 가지입니다.

1. 현재 가진 통제력의 한계를 뛰어넘는 수준의 자원 활용
2. 개인적 위험의 감수
3. 사업의 상업적 성공을 위한 혁신

이 셋 중 두 가지만 하면 사실상 기업가로서 자질이 부족한 것입니다. 자

원을 활용하고 개인적 위험은 감수하지만, 상업적 성공을 위해 힘쓰지 않는다면 변혁가에 그칠 수 있습니다. 사업을 잘 운영해 나가며 자원을 활용하지만, 실질적인 위험 감수가 없다면 그냥 리더에 그칠 수 있습니다. 기존의 자원으로 수익을 내고 위험을 감수하면 그저 투자자로만 머물 수 있습니다. 이 세 가지를 전부 다 해야 진정한 기업가라 할 수 있습니다.

사실, 이 세 가지 활동은 아이에게는 자연스러운 속성입니다. 당연한 일일 테지만, 갓난아기는 태어난 첫날부터 살아남기 위해 통제력의 한계를 뛰어넘어 자원을 활용합니다. 어린아이도 위험 감수를 아주 잘하며 목표를 이루려 할 때는 못 말릴 정도로 열성을 보입니다. 걸음마를 뗄 때는 일주일에 천 번쯤 넘어져도 상관하지 않고 걸을 때까지 계속 시도하지요. 닿기 힘든 곳에 있는 물건이라도 잡아야겠다고 결심하면 아무리 주의를 줘도 흘려듣습니다. 어른이 잠시라도 아이에게 등을 보이는 순간, 위험한 일인 줄 겪어 보고 그제야 위험한 일인 줄 알지요.

어린아이의 의식에는 아직 위험과 보상의 개념이 남아 있습니다. 어떤 행동을 하면 보상으로 이어진다는 개념을 금세 터득하지요. 아이에게 안 먹던 야채를 먹이려면 사탕을 미끼로 한 번만 꾀면 됩니다. 물론, 보통은 사탕을 더 줘야 야채를 먹겠다고 고집을 부리기도 하지만…. 핼러윈 데이에 아이를 동네 여기저기로 데리고 다녀 보면 아이는 보상에 정신이 팔려 두려움도 싹 잊곤 합니다.

기업가의 자질은 복잡한 문제처럼 느껴질 테지만, 아이의 천부적인 성향과 아주 잘 들어맞습니다. 아이는 자연스럽게 부모를 모든 자원의 원천으로 여기기 때문입니다. 하지만 아이는 어리기에 돈이나 교통수단이나 감독이 필요한 거의 모든 결정에는 부모나 보호자가 개입합니다. 그래서 어느 시점이 되면 부모나 보호자가 아이의 임기응변력을 키워 주기 위해 사고의 전환을 격려해 줘야 합니다. 세상에는 돈을 활용해서 임기응변력을 발휘할 수 있는 방법이 많다는 것을 알려줍니다. 돈을 쓰면 편리하게 택배 서비스를 이용할 수도 있고, 어려운 일을 안전하게 할 수 있는 방법도 많습니다. 아이가 점점 자라 기량을 키우게 되면, 부모를 유일한 해결책이라기보다는 잠재적 해결책으로 생각할 것입니다.

현실 세계의 사람과 교류하며 돈을 받는 일은 어린아이의 삶에서 가장 자율성을 느낄 만한 순간일 수 있습니다. 어떤 중요한 일을 해서 부모가 아닌 다른 사람에게 '진짜 돈'을 받는다는 일은 아이에게는 마법처럼 신기한 경험이지요. 제가 여러 사람을 만나 봐서 하는 말이지만, 큰 거래에서도 거의 눈 하나 깜짝하지 않을 만큼 배포 큰 백만장자들도 처음 돈을 벌었던 때의 얘기를 할 때는 싱글벙글 웃었습니다. 그 백만장자들에게도 처음 돈을 벌었던 순간이 훗날 훨씬 더 큰 돈을 벌었을 때보다도 값진 의미를 띠지요.

조디는 열두 살 때 개를 키우고 싶어 했습니다. 그래서 강아지를 입양해 달라고 애원하고 졸라 댔고 부모님을 꼬드기려 온갖 잔꾀를 동원했지요. 딸의 성화에 못 이겨 아버지는 과제를 내 주었습니다. 마이크로소프트 파워포인트로 '피칭'을 만들어 발표해 보라는 과제였지요. 조디는 개의 귀여운 매력과 자신에게 유리한 쪽으로 감정을 자극할 만한 이야깃거리들 위주로 피칭을 했지만, 피칭을 듣는 사람의 주된 관심사는 다루지 못했고, 결국 조디는 퇴짜를 맞았습니다.

얼마 뒤에 조디는 사촌이 보더콜리 강아지를 키우게 되었다는 것을 알고 어떻게 했는지 궁금했습니다. 사촌도 피칭 과제를 받고, 개의 산책을 잘 챙기고 개가 집을 어질러 놓으면 자기가 알아서 꼭 치우겠다는 다짐에 초점을 두고 피칭했다는 것을 알았습니다. 공략 고객의 관심사를 다루어 네 발 동물 키우기 스타트업의 승인을 얻어 낸 것이지요.

현재 조디는 SNS 관리 대행업을 운영하는 성공한 기업가입니다. 조디의 팀원들은 조디의 경험을 통해 귀중한 교훈을 배워서, 잠재 고객의 관심사와 필요성을 다루고 있다는 확신이 들어야만 피칭 발표를 합니다. 어린 시절 조디가 깨달았듯이, '귀여운 강아지'를 내세운 피칭이 '누가 개똥을 치울 것인가'를 다룬 피칭보다 강력하지 못할 수도 있습니다.

저의 아버지는 기업가의 기량을 가르칠 방법을 꾸준히 찾았습니다. 자동차 여행을 가면 거의 언제나 동기 유발이나 사업과 관련된 내용의 테이프를 듣게 했습니다. 제가 열두 살 때, 차 안에서 마케팅에 관한 테이프를 듣고 있었는데 강연자가 마케팅 메시지에서는 언제나 확실한 '콜 투 액션(사용자의 반응을 유도하는 요소를 뜻하는 마케팅 용어. 모바일이나 컴퓨터 웹 사이트에서 볼 수 있는 배너, 링크, 버튼 등이 여기에 해당됨-옮긴이)'을 유발시켜야 한다고 말했지요. 그 얘기를 듣고 토론에 불이 붙어 우리는 차로 지나가면서 보이는 광고판이 그 기준에 얼마나 부합하는지 분석해 보았습니다.

기업가로서의 기량은 부모가 아이와 일상생활에서 나누는 수많은 교류를 통해 키워 줄 수 있습니다. 부모나 보호자로서 아이에게 중요한 기량을 끊임없이 가다듬어 줄 수도 있고, 아예 키우지 못하게 막아 버릴 수도 있습니다. 부모나 보호자는 아이에게 협상은 시도조차 못 하게 하고, 비싼 물건을 사 달라고 조르지 못하게 하며, 모르는 사람과는 말도 못 하게 하는 식의 훈육을 시키기 쉽습니다. 이런 상황에서 적절한 기량을 키워 주려면, 아이와 일상적인 상호 교류 과정에서 좀 더 생각을 해야 합니다. 미묘한 상황은 다루기 까다롭고 바쁘게 일하는 부모로서 매번 바로잡아 줄 도리는 없지만, 그렇더라도 이런 상호 교류는 충분히 해 볼 만한 가치가 있습니다.

이제 부모가 아이에게 기업가의 기량을 키워 줄 수 있는 방법을 알아봅시다. 아이에게 전략, 영업, 마케팅, 절약, 투자, 피칭, 혁신, 사람 관리 등을 가르치고 있는 부모의 사례를 함께 봅시다. 이런 기량은 대체로 사소한 일부터 시작해서 점점 키워 주면 됩니다. 세계에서 가장 성공한 기업가 상당수는 사업상의 첫 교훈을 열 살도 되기 전에 배웠습니다.

저 역시 아이들을 위해 어떤 '일'을 해 주고 있는지 콕 집어 말하긴 힘들지만, 실제로 몇몇 기량을 공유하는 일은 어렵지 않습니다. 아이들이 현실 세계에 나가 활동하고 교류를 나누며 배움을 얻는 모습을 보고 있으면 감격스럽습니다. 지금의 그 작은 걸음이 시간이 지나는 사이에 큰 능력으로 발전하게 될 것임을 알기 때문이지요.

IT 시대에
필요한 교육이란

스크린 타임(휴대폰, 컴퓨터, 텔레비전 등 전자 기기의 스크린을 응시하는 시간—옮긴이) 얘기를 해 봅시다. 2019년에 세계보건기구(WHO)에서는 부모에게 다섯 살 이하 자녀의 스크린 타임을 하루에 딱 1시간으로 제한하길 권고했습니다.[30] 스티브 잡스(Steve Jobs), 빌 게이츠(Bill Gates) 등 여러 실리콘 밸리 전문가들도 자녀에게 디지털 기기의 사용을 제한하는 테크 프리(tech-free) 양육을 실행했지만[31] 내부 관련자에 따르면, 하버드 대학교 경영학 석사 학위를 소지한 실리콘 밸리 전문가들은 의도적으로 디지털 기기에 빠져들게 만드는 앱과 웹 사이트의 개발에 지속적으로 공을 들이고 있다고 합니다.[32]

주의해서 살펴보면 아이들이 넷플릭스, 유튜브, SNS를 들여다보거나 페퍼 피그(Peppa Pig) 앱에 들어가 노는 수준이 단순한 여가 활동이 아니라 중독인 경우가 많습니다. 아이들은 디지털 기기에 강박적으로 매달리면서 못 하게 하면, 기기를 돌려받거나 화면이 켜질 때까지 떼쓰고 입씨름을 벌이고 타협하려 들기도 하지요.

다음은 우리가 지금까지 이 문제로 논의했던 부모와 교육자들이 알려 준 스크린 타임 관리 비법입니다.

· 꾸준히 야외 활동거리를 짜 놓는다.
· 스크린 타임을 제한하는 특정 시간을 정해 둔다. 예를 들어, 식사 시간과 저녁과 아침 기상 직후에는 디지털 기기를 쓰지 못하게 하는 식이다.
· 디지털 기기 보관함을 마련해 놓고, 특정 시간 동안 모든 가족의 스마트폰이나 아이패드를 그 안에 넣어 두게 한다.
· 다 같이 디지털 기기에서 손을 뗀다.
· 아이가 보는 앞에서 디지털 기기의 사용을 제한하며 모범을 보인다.
· 와이파이 공유기에 타이머를 설치하거나, 공유기에 잠금을 설정해 놓거나, 스마트폰 요금제를 통해 데이터 이용량을 제한한다.

하지만 한 편으로는 최근 한 논의에서 어떤 부모는 조심스럽게 디지털 기기를 접하게 해 줄 방법을 고민하기도 했지요.

"저는 아이들에게 디지털 기기나 컴퓨터를 접하게 해 줄 방법을 성공 기반을 닦는 방향에 초점을 맞추면서, 시간을 낭비하거나 주의 산만해지거나 중독에 빠지지 않도록 신경 쓰기도 했어요. 제가 지금 지켜보고 있는 바로는 (그리고 큰아들의 학교에서 들은 바로도) 저희 아이들은 또래의 다른 아이들보다 스크린 타임이 훨씬 적어요. 그 점이 만족스러우면서도 또 한편으로는 너무 못 하게 막아서 아이들이 뒤처질 일이 없기도 바라요.

그래서 아이들에게 '적시 학습(교과서 정보가 아닌 최신 업데이트된 정보를 교육 포털에서 바로바로 다운로드해 공부하는 방법-옮긴이)'을 위한 구글 사용법, 웹 사이트 제작 방법, 코딩 방법, AI와 미래 기술과의 연계 방법을 배우도록 격려해 주고 싶어요. 그러면 언제부터 컴퓨터를 사용하게 해 줘야 할까요? 어떤 방식이 좋을까요? 인터넷 검색이나 웹 사이트 제작은 또 어떻게 접하게 해야 할까요? 코딩 훈련은요? 이런 것들을 몇 살 때부터 시키는 게 적당할까요?"

이것은 중요한 문제입니다. 생각 없이 화면을 스크롤하고 게임을 하고 스마트폰 알림에 중독되면 아이에게나, 어른에게나 미래의 성공에 별 도움이 되지 않습니다. 생산적 활동, 다시 말해 가치 있는 일을 편집하고 코딩하고 만드는 방법을 배우는 활동을 해야 기량이 길러지고 기회가 열립니다. 이제 직업 세계는 기술 발전으로 똑같은 투입으로도 소수에게 서비스하던 수준을 넘어서서 수백 만 명에게 서비스할 수 있습니다. 특정 측면을 명확히 정해서 적절히 접하게 해 주면, 아이를 이런 세계에 맞추어 잘 준비시킬 수 있을 것입니다.

☐ 아이와 함께 동영상을 찍어서 아이무비(iMovie)와 같은 앱으로 편집해 본다. 동영상을 찍을 주제로는 유튜버들이 많이 만들어 올리는 장난감 시연, 형제들끼리 만든 공연, 다큐멘터리 형식의 가족 여행, 취미 활동이나 관심사 등이 괜찮다.

☐ 웹 사이트 제작 플랫폼 스퀘어스페이스(SquareSpace)나 쇼피파이(Shopify)의 무료 체험판으로 시험 삼아 웹 사이트를 만들어 본다.

☐ www.kano.me나 www.playpiper.com에 들어가서 아이에게 컴퓨터를 다루는 방법과 코딩 방법을 배우게 해 준다.

☐ 게임을 그저 즐기는 게 아니라, 게임 만드는 방법을 탐험해 보게 한다. 예를 들어, www.code.org/minecraft 사이트를 방문한다든지, 데이지 더 다이노소어(Daisy The Dinosaur) 앱을 다운받아 코딩 기본을 재미있게 가르쳐 준다.

☐ 강사가 아이에게 코딩의 기본 기능 실행 방식을 찬찬히 가르쳐 주면서, 더 복잡한 과제를 잘 준비할 수 있는 코딩 수업을 알려 준다.

☐ 가상 캐릭터인 코드잇 코디나 마크 저커버그, 빌 게이츠 같은 현실 속 IT 기업가를 비롯한 여러 코딩 롤 모델과 관련된 이야기를 읽어 보게 한다.

래리 페이지
Larry Page

구글의 공동 창업자이자 전 CEO

구글의 유명한 검색 순위 알고리즘 페이지랭크(PageRank)를 구글의 공동 창업자
세르게이 브린(Sergey Brin)과 함께 공동 개발함.

미시건 주립대학교 컴퓨터 공학 교수 부부의 아들로 태어난 페이지는 어수선하게 어질러진 집에서 자랐다. 집 안에는 여러 대의 컴퓨터와 기기, 기술 관련 전문지들이 여기저기 널려 있었는데, 이런 집안 분위기는 (페이지의 세심한 부모님과 더불어) 창의성과 독창성을 키워 주었다. 페이지는 어릴 때 굉장한 독서광이어서 책과 잡지를 보면서 보내는 시간이 엄청났다. 열두 살 때는 무일푼으로 혼자 죽음을 맞이한 위대한 발명가 니콜라 테슬라(Nikola Tesla)의 전기를 읽었고, 이때 혁신에 대한 기본적 교훈에 처음으로 눈떴다. 그리고 이것이 페이지의 평생 사명이 되었다.

"발명만으로는 부족하다. 테슬라는 우리가 사용하고 있는 전력을 발명했지만 사람들에게 보급시키는 데 문제를 겪었다. 두 가지가 모두 겸비되어야 한다. 발명과 혁신에 주력하는 것에 더해 발명품을 상품화해 사람들에게 보급시킬 수 있는 회사도 필요하다."[33]

페이지가 처음 컴퓨터에 끌린 것은 여섯 살 때 부모님이 만지게 내버려 둔 1세대 컴퓨터를 가지고 놀 때부터였다. 초등학교에 다닐 때는 최초로 워드프로세서로 과제를 해서 내기도 했다. 형에게 물건 분해하는 요령을 배운 뒤로, 작동 방식이 궁금해서 집 안에 있는 온갖 물건을 분해한 일도 있었다.

페이지는 "나는 아주 어릴 때부터 발명의 욕구를 깨달았다. 그래서 기술과 사업에 정말 관심이 갔다. 어쩌면 나는 열두 살 때부터 내가 나중에 커서 회사를 세울 걸 알았을지 모른다"[34]라고 말했다.

• 내 아이를 위한 1퍼센트의 비밀

 앱이든 어떤 것이든, 나는 딸이 아직 시중에 나오지 않은 무엇인가를 찾아내면 한번 만들어 보게 격려해 준다. 대개는 유튜브 동영상으로 만들게 해서 기업가 정신을 살려 볼 기회로 삼게 한다. 작은 활동이지만 그런 작은 습관이 쌓여 큰 변화를 이끄는 법이다.

 내가 자라는 딸을 보며 바라는 기대는, 딸이 훗날 창의성을 발휘해 사람들에게 아직 세상에 나오지 않은 무엇인가를 선사해 주었으면 하는 것이다. 그래서 컴퓨터 실력이 뛰어난 딸에게 코딩 수업을 받게 하면서 기량을 더 키워 주었다. 그렇게 딸이 자기 재능, 기량, '바람'을 살리도록 격려해 주고 있다. 부디 딸이 이 세상에서 단순한 추격자가 아니라, 억누를 수 없는 아이디어 창의 열정을 느끼는 삶의 운전자가 되기를 바란다.

사라 존슨(Sarah Johnson), 핏 스몰 비즈니스(Fit Small Business)

 부모님은 대만에 본사를 둔 접착제 전문 제조 회사를 운영하고 있다. 어릴 때 우리 집의 저녁 식사 대화는 인사 관리 문제가 주된 화제였고, 그런 분위기 속에서 나는 어린 나이부터 인간의 동기 유발에 눈을 떴다. 부모님은 나에게 창의적 사고와 기술 적성을 자극해 주려는 의도로, 취미 삼아 프로그래밍과 음악을 배워 보게 동기 유발을 해 주기도 했다.

프랭크 리(Frank Lee), 베비(Bevi)

내가 회사의 웹 사이트 업데이트 작업을 할 때, 아들은 그 모습을 구경하다 웹 사이트 제작 방법을 알고 싶다고 물었다. 나는 그 기회에 아들에게 몇 가지 재미있는 것을 보여 주며 장난삼아 시도해 볼 만한 비교적 쉬운 웹 툴을 알려 주었다. 그런데 얼마 지나지 않아 아들은 한 친구와 엉성하게나마 웹 페이지를 만들더니 글을 올리면서 운영했다! 그 뒤로 아들은 단짝 친구와 같이 웹 사이트에서 팔 만한 여러 가지 상품을 생각해 내기 시작했다. 물론, 당연히 그래야 한다! 비즈니스도 없이 웹 사이트를 운영할 수는 없는 노릇이니까….

아들이 웹 사이트에 대해 처음 물어보며 관심을 보였을 때 우리가 그렇게 바로 행동에 뛰어든 덕분에 학습의 길이 활짝 열리고 창업을 하려는 욕구가 자극되었다. 아들은 웹 사이트를 확장하고 업그레이드시킬 수 있게 코딩 수업을 받고 싶어 했다. 블로그를 업데이트시킬 콘텐츠가 필요해서 글도 더 많이 썼고, 사이트에서 팔 상품을 구상하느라 친구와 '사업 회의'를 열기도 했다. 상품 개발 회의도 자주 열어 다양한 재료와 상품 제작 도구를 시험해 보고, 가격과 디자인 등을 논의하기까지 했다.

매튜 버넷(Mathew Burnett), 슈퍼 지니어스(Super Genius, Inc)

성취감을
맛보는
연습

사람은 자신이 못하던 일을 잘하게 되기까지는 다음의 네 단계를 거치게 됩니다.

1. 무의식적 무능력: 자신이 어떤 일을 잘하지 못한다는 사실을 모를 때는 대개 노력을 해 보기 이전의 시기다.

2. 의식적 무능력: 자신이 어떤 일을 잘하지 못한다는 사실을 알고 있을 때는 대개 한 번쯤 노력을 해 본 이후의 시기다.

3. 의식적 능력: 어떤 일을 잘하지만 집중력과 주의력을 발휘해야만 잘할 수 있을 때, 가령 어떤 기량을 익히게 되었을 때를 말한다.

4. 무의식적 능력: 어떤 일을 아주 잘해서 그런 능력이 제2의 천성처럼

느껴질 때는 어떤 기량을 완전히 습득한 시기다.

무의식적 능력을 발휘하는 사람을 보고 있으면 경외감이 들기도 합니다. 발레 무용수, 뮤지션을 비롯해 자신감에 차서 회의를 잘 진행하거나, 무대 위에 올라 연설을 하거나, 학교 수업을 능숙하게 잘하는 사람을 보면 정말 경이롭지요. 어떤 기량에서 무의식적 능력의 단계에 이른 사람은 누구든 다 위에서 말한 여정을 거쳐, 완전 습득의 경지에 이른 것입니다. 매 단계에는 의식적이고 확실하며 목적의식 있는 연습이 필요합니다.

저는 이렇게 연습합니다. 어떤 일에 수준급 실력을 키우기 위해 배울 때는 온 주의력을 기울이려 정신을 다잡습니다. 일기장에 연습 시간을 미리 정해 놓고, 휴대폰 전원을 끄고 방해받을 일이 없게 하지요. 온힘을 다해 의식적 연습을 해 나가면 무의식적 능력에 이를 수 있습니다.

온힘을 다하는 노력은 일에서나 여가에서나 똑같이 중요합니다. 어떤 일터에서 일하든, 또 어떤 역할을 맡은 간에 서서히 전문성을 키우다 보면 맞닥뜨리는 난관을 이전보다 더 쉽게 헤쳐 나갈 수 있지요. 당장은 성과가 보이지 않아도 점점 더 나아집니다. 직장의 직무에서 자신의 일을 아주 잘하게 되면, 대개 회사 내에서 승진 코스를 밟아 가다 아랫사람들이나 업무 처리를 관리하는 자리까지 올라가지요. 자기 사업의 세계에서는 해당 분야에서 아주 능숙해지면, 업계에서 전문가로 통하거나 자신의 전문성을 상품 생산과 연계시킬 수도 있고요.

아이든 어른이든 어떤 일에 능숙해지는 경험을 하고 나면 자신감이 붙으며, 이런 자신감이 있어야 계속 정진하면서 다른 일도 잘하게 됩니다. 연습으로 성과를 얻는 경험을 하면, 깊은 인상을 받으면서 인과 관계도 이해하게 되지요. 또한 계획적이고 단호한 노력이 구체적인 결과를 가져온다는 점도 체득합니다. 나중에 환기시킬 좋은 사례도 생기지요. 저는 힘든 시기가 올 때마다 이렇게 생각합니다.

'기억 안 나? 바이올린 연습하기 싫어하다가 나중에 연습해서 합격점을 받았을 때의 그 감동 말이야. 넌 할 수 있어!'

테크늄(Technium)의 창업자 케빈 켈리(Kevin Kelly)는 68세 생일 때 '오지랖 조언 68마디(68 Bits of Unsolicited Advice)'라는 제목의 흥미로운 글을 게시했습니다.[35] 첫 마디 조언은 완전 습득과 관련된 내용이었는데, '꿈을 좇아라'와 같은 말보다 훨씬 더 실용적이었지요.

"당신이 무슨 일에 열정을 갖고 있는지 모르겠다면 희열감을 좇는 것이 무기력을 치유할 처방책이다. 무엇이 되었든 간에 완전 습득을 해 봐라. 대다수 젊은이에게는 이것이 좋은 모토가 되어 준다. 하나를 완전 습득하고 나면 그로 인한 파급 효과로 더 큰 즐거움을 누릴 수 있고, 종국에는 자신이 무엇에서 희열을 느끼는지 깨닫게 된다"

□ 아이와 함께 무엇을 어떻게 배울지 계획을 세운다. 배우는 대상은 무엇이든 다 괜찮다. 공룡, 열차, 자동차, 학교 공부 등 무엇이든 아이가 흥미를 보이는 대상이면 된다.

□ 아이가 수영 교습, 음악 레슨을 받거나 자전거나 키피 어피(keepie uppie, 손을 제외한 신체를 이용해 볼을 계속 트래핑하는 것-옮긴이)를 배우는 것도 좋다.

□ 어떤 운동을 하든 연습에 매진하도록 한다. 이때는 아이가 눈에 띄게 잘하는 순간을 알아봐 주면서 그런 순간에 주의를 환기시켜 주어라.

□ 아이가 연습하는 전후의 모습을 사진이나 영상으로 찍어 둔다. 처음 시작했을 때, 연습 10분 후, 연습 2시간 후를 연속적으로 찍어 뒀다가 보면 실력이 점점 좋아지는 모습을 뚜렷이 확인할 수 있다.

□ 연습 전후를 비교하기 위한 연습 일지를 기록한다. 첫 번째 날의 실력을 적은 다음, 연습하면서 얼마나 실력이 좋아지고 있는지 파악할 수 있도록 그 이후의 진전도를 꾸준히 기록해라.

□ 30일 동안 도전하기를 권한다. 매일 30분씩 30일 동안 연습에 매진하면서 진전도를 꾸준히 기록해라.

· 내 아이를 위한 1퍼센트의 비밀 _____

어렸을 때 부모님은 연습해서 무용 실력을 꾸준히 늘려 보라고 격려해 주었다. 연습하면서 배움을 얻고 개선해 나가며, 실수해도 괜찮다고도 가르쳐 주었다. 여동생과 함께 여러 가지 율동을 연습하며, 계속 실력을 닦아 무용계에 입문하기 위한 기교와 예술성도 길러 나갔다.

지금까지도 나는 최대한 노력하고 실수를 두려워하지 않으면서, 어머니가 자주 말해 준 "일단 점프하면 매달릴 그물이 나타난다!"라는 말을 머리에 새겨 두고 있다.

제시카 윌러(Jessica Wheeler), 엘름허스트 발레학교(Elmhurst Ballet School)

어렸을 때 아버지에게 가수가 되고 싶다고 말하자 아버지는 "그럼 가수의 좋은 롤 모델을 찾아봐야겠구나"라고 대답해 주었다.

어느 날 아버지가 집에 오면서 머라이어 캐리, 휘트니 휴스턴, 셀린 디온의 카세트테이프를 가지고 왔다. 크리스티나 아길레라의 노래도 있었다. 아버지에게 머라이어 캐리가 예전엔 무대 공포증이 아주 심했지만 빼어난 가창력으로 극복해 냈다는 얘기를 듣고 감명을 받기도 했다. 나는 이 가수들을 롤 모델로 삼으면서 노래를 부를 때마다 떠올렸다. 때때로 가족들 앞에서 노래를 불러 보게 응원을 받기도 했다. 지금도 사람들 앞에서 말하거나 공연하는 것이 겁나지 않는 이유는 어린 시절에 공연을 했던 경험 덕분이었다고 확신한다. 나는 가수로 성공하지는 못했지만, 음악은 나에게 자신감을 크게 불어넣어 주었다.

리디아 파파필립포포우로스 스네이프(Lydia Papaphilippopoulos-Snape),
위익 스트리트 키친(Warwick Street Kitchen)

부모님은 내가 어릴 때부터 한 가지에만 매달리지 않아도 된다고 했다. 여러 경험을 하면서 어디에 적성을 두고 더 끌리는지 알게 해 주었다. 다양한 것을 시도해 보는 일이 기업가가 되기 위한 핵심이라고 생각한다. 사업계에서 성장하려면 한 분야에서 '전문가'가 될 게 아니라 아주 폭넓은 지식과 경험을 갖추어야 하기 때문이다.

나는 열네 살 뒤부터 쭉 여름 아르바이트를 하면서 다양한 경험을 쌓았다. 무술 강사, 바텐더, 웨이터, 체험 활동 도우미, 영어 비즈니스 회화 강사 등의 여러 가지 일을 해 봤다. 열여덟 살 때는 보험과 재보험 업계에서 일했는데, 아주 복잡한 분야였지만 흥미로웠다. 그렇게 다양한 활동을 해 보면서 호기심을 단련했고, 지금의 내가 되는 데도 도움을 받았다. 언제나 새로운 경험을 해 보며 미지의 세계를 두려워하지 않게 격려해 준 어머니에게 정말 감사드린다.

조나단 애슐리만(Jonathan Aeschlimann), DIV 브랜즈(DIV Brands)

아이디어
머신이
되는 법

좋은 아이디어를 떠올릴 수 있으면 미래의 기회가 활짝 열립니다. 이런 능력은 나이와 상관없이 완전 습득해 두기에 아주 좋은 기량이 기도 하지요. 작가 제임스 알투처(James Altucher)는 《과감한 선택(Choose Yourself!)》을 통해 아이디어가 일종의 화폐나 다름없다는 개념을 소개했습니다. [36]

저는 SNS 관리 대행업체를 운영하면서 이 개념을 실제로 체감하고 있습니다. 영업 과정에 들어가면, 우리의 경쟁 상대가 프레젠테이션 수행도, 그동안 쌓은 경험도, 회의에서 얻은 호감도도 우리와 엇비슷할 때가 있습니다. 이때 새로운 고객 유치에 성공할지 말지를 결정짓는 차이는 우리가 제시한 아이디어의 강점에 달려 있습니다. 그래서 우리 팀에서는 다른 사람보다 더 좋은 아이디어를 떠올리는 일에 집중하지요.

알투처의 책에서는 좋은 아이디어를 떠올리는 능력을 키우려면 '아이디어 머신(ideas machine)'이 되면 된다고 알려 줍니다. 간단히 말해, 매일 무엇이든 10개의 아이디어를 떠올리는 식으로 연습하면 된다는 얘기입니다. 그렇게 떠올린 아이디어는 따로 적어 두지 않아도 되고 실행으로 옮길 필요도 없습니다.

이 연습이 부려 주는 마법은 연습 자체에 있습니다. 아이디어의 주제는 블로그 게시판에 올릴 글감, 토요일에 할 일, 벤앤제리스(Ben & Jerry's)가 아이스크림 판매를 늘릴 수 있는 방법 등 무엇이든 괜찮습니다. 주제는 무엇이든 중요하지 않습니다. 중요한 것은 매일 연습하기와 10개를 떠올릴 때까지 끈기를 갖는 것입니다.

왜 10개일까요? 아이가 4개나 5개를 떠올리기는 쉽기 때문이지요. 6개와 7개째부터 마지막 몇 개까지 아이디어를 떠올리기 어려우니 아이디어 근육을 늘려 주면서 실질적으로 실력을 키워 주는 것이지요.

일찍 시작할수록 아이디어 머신이 되기에 더 유리합니다. 여기에 더해 아이와 함께 각 아이디어의 실현 가능성을 놓고 토론을 해 보면 의사 결정의 틀을 세우는 데 도움이 됩니다.

아이가 10개의 아이디어를 떠올려 볼 만한 추천 주제를 예로 들어 보자.

☐ 이번 주말에 다녀올 만한 곳

☐ 할머니에게 특별한 생신을 맞게 해 드릴 방법

☐ 침실을 깔끔하게 정리할 방법

☐ 이번 주의 아침 식단

☐ 개발하면 좋을 만한 컴퓨터 게임

☐ 학교까지 걸어서 가기 좋은 경로

☐ 아이에게 잠잘 때 들려줄 만한 동화의 글감

☐ 비가 올 때 해 볼 만한 야외 활동

☐ 동네 편의점이 손님을 더 많이 끌 수 있는 방법

☐ 따뜻한 날씨를 최대한 즐길 방법

사라 데이비스
Sara Davies MBE

크래프터스 컴패니언(Crafter's Companion, 공예 도구 및 용품 제조업체-옮긴이)의 창업자

창업 지원 텔레비전 프로그램 〈드래곤스 덴〉에 최연소 나이로 출연함.

데이비스는 잉글랜드 북동부의 작은 탄광촌에서 자랐고, 부모님은 두 분 모두 사업을 운영했지만 너무 거창하고 멋 부린 말 같다는 이유로 '사업가'라는 말을 입에 담은 적이 없었다. 데이비스는 아버지가 매년 새로운 사업 아이디어를 떠올렸던 걸로 기억한다. 이중 유리 판매에서부터 자전거 매장 개업에 이르기까지 온갖 사업을 벌였고, 자전거 매장을 할 때는 사라 자매에게 바퀴에 낀 녹을 닦으면 개당 20페니를 주었다고 한다.

사라 자매는 부모님의 여러 사업을 적극 거들었다. 사라는 사업을 삶의 한 방식으로 생각하면서 자랐다. 1년 내내 부지런히 매진해야 할 활동이자, 자신의 분신과도 같은 존재로 생각하기도 했다. 크면서 역사 교사가 되고 싶은 꿈을 품었지만, 중등 교육 자격 검정 시험 과정에서 경영학을 선택했다. 10대 시절 때부터 사업이 상식처럼 자연스럽게 느껴졌고, 아버지와 사업에 대한 얘기를 나누면서 현실적 맥락을 터득했다고도 한다. 부모님이 열심히 일해서 사업체를 세우는 모습을 보면 흥분이 되었고, 스스로도 열심히 일하는 것을 겁내 한 적이 없었다. 열여덟 살 때는 역사 교사의 꿈이 시들해지며 사업을 하고 싶어졌다.

데이비스는 요크 대학교에서 경영학을 전공으로 선택하며 대학교에서 배운 지식을 가족의 여러 사업체에 적용해 보길 바랐다. 전공을 밟던 중에 1년은 산업계 현장으로 나가 작은 공예사에서 일을 했는데, 데이비스 본인의 말마따나 눈이 번쩍 뜨일 만한 경험이었다고 한다. 데이비스는 학위 취득 과정에서 배운 여러 모델과 방법을 사업에서 자신이 맡은 역할에 적용할 수 있었고, 지금 생각해 보면 자신이 그때의 활동을 정말 좋아했다고 한다.[37]

· 내 아이를 위한 1퍼센트의 비밀 _____

나는 열한 살짜리 아이에게 주변에서 접하는 상품과 서비스에 대해 생각해 보도록 한다. 그리고 아이와 함께 광고 아이디어를 놓고 토론도 자주 한다. 내 사업에서 실패했던 아이디어와 그 실패로 배운 교훈도 토론의 주제로 삼는다. 내가 아이들에게 가르치고 싶은 재능은 적응력과 결단력이다. 이 두 가지가 사업가로서 갖추어야 할 중요한 기량이기 때문이다.

리비 제임스(Libby James), 머천트 어드바이스 서비스(Merchant Advice Service)

이민자였던 아버지는 그러려고 의도한 건 아니지만, 나를 사업가로 키웠다. 아버지는 나와 내 남동생과 함께 운전 게임을 자주 하며 "저 자리엔 어떤 사업을 하면 좋을까?"라는 질문을 했다. 아버지는 우리와 함께 폐상점가와 공터에서 운전을 할 때면, 그런 식으로 주변 지역을 둘러보며 그 자리에 어떤 사업이 좋을지 생각하도록 자극해 주었다. 내가 성의 없이 '식당' 같은 막연한 대답을 하면 아버지는 언짢은 기색으로 혀를 차며 정통 레스토랑, 패밀리 레스토랑, 프랜차이즈, 새로운 스타일의 식당 등 구체적으로 어떤 유형인지 대답해 보라고 했다.

린다 코레아 페랄타(Lynda Correa Peralta), 포켓 팔레트(Pocket Palette)

'주도성을 가져라'라는 말은 사업가 집안에서 자란 나에게 감명을 주고 기업가 정신을 불어넣어 준 교훈이다. 사실, 누구나 적절히 실행하면 훌륭한 사업이 될 만한 아이디어를 가지고 있다.

하지만 주도성을 가지고 그 아이디어를 실행에 옮겨 끝까지 해내는 사람은 몇 명 되지 않는다. 아버지는 "생각은 행동으로 옮겨야만 가치가 있다"라는 말을 입버릇처럼 했다. 답을 모두 다 얻을 수 없고, 정확히 무슨 일이 일어날지도 모르며, 성공을 장담하지도 못하겠지만 아이디어를 실행시켜야 한다. 안 그러면 아무 진전이 없다.

부모님은 언제나 거리낌 없이 새로운 사업 아이디어를 논의했을 뿐만 아니라 사실상 그 아이디어를 실행하기도 해서, 나는 아이디어의 실행 과정을 지켜볼 수 있었다. 모든 아이디어가 다 성공한 건 아니지만, 사업을 한다고 해도 하는 일마다 다 성공하는 것은 아니다.

제이콥 웨일(Jacob Weil), 로스쿨 졸업생

성공 요인을
분석하는 토론

많은 사업체가 기업 내 활동과 활동의 이유를 기업 강령으로 정해 두고 있습니다. 강령에는 기업 내 연계를 촉진하고 고객을 더 납득시킬, 최우선 목표들이 담겨 있습니다. 다음은 아주 유명한 몇몇 기업의 사례입니다.

· 테슬라: 세계가 지속 가능한 에너지로 전환되는 시기를 앞당기기

· 이케아: 수많은 사람들이 더 나은 일상생활을 누리게 하기

· TED: 아이디어를 확산하기

· 애플: 혁신적 하드웨어, 소프트웨어, 서비스를 통해 고객에게 최고의 사용자 경험(user experience)을 접하게 하기

비교적 규모가 작고 덜 유명한 기업에도 내용이 확실하게 알려져 있진 않더라도 아래처럼 나름의 강령이 마련되어 있을 것입니다.

- 사람들에게 필요한 서비스 제공하기
- 문제 해결하기
- 더 원대한 임무에 기여하기
- 특정층 사람들을 위해 특정의 결과를 이끌어 내기

기업의 존재 이유를 이해하면 어떤 사업이 필요할지, 어떤 사업이 성공할지를 짚어 보는 사고 체계에 불이 당겨질 수 있습니다. 이런 사고 체계를 통해 당신의 아들이나 딸이 제2의 테슬라나 애플을 창업하게 될지 누가 알까요? 우리는 이를 위해 이 책을 읽고 생각하고 연습하는 것입니다.

다음의 주제로 토론을 유도해 주면 상업적 인식이 키워져 금세 무의식적 인식으로 자리 잡을 것이며, 이런 상업적 인식을 바탕으로 기업가적 사고 또한 키워질 것입니다.

─────────────────────────────── 아이와 함께 실전 연습

생활 속에서 가장 많이 접하는 기업 5곳을 생각해 본 뒤, 그 기업의 강령을 찾아보고 나서 아이와 함께 다음을 토론해 본다.

□ 아이와 선택한 기업들의 강령은 잘 이행되고 있는지 확인해 보기
□ 혹시 강령으로 제안하고 싶은 내용이 있는지 물어보기

　　카페, 식당, 극장, 서점 등에 갔을 때 아이와 다음을 토론해 본다.

□ 가게가 그곳에서 하는 일이 무엇일까?
□ 가게가 어떤 사람에게 도움이 되고 있고, 그 이유는 무엇일까?
□ 가게를 운영하는 사람에게 도움을 줄 수 있는 방법은?
□ 그런 가게를 소유하고 싶은 이유는?(또는 소유하고 싶지 않은 이유)

　　예를 들어, 미용사나 청소 도우미 등 인력 서비스를 이용할 때 다음을 토론해 본다.

□ 이 사람이 누구를 위해, 무슨 일을 하고 있는가?
□ 이 사람에게 노동의 대가를 지불해 주는 사람은 누구인가?
□ 이 사람이 일을 하지 않을 때 생길 일은 무엇일까?
□ 이 사람이 일을 형편없이 할 때 어떤 일이 생길까?

　　거주 동네나 시내 중심가나 도시에 대해 생각해 보며 다음을 토론해 본다.

□ 동네에 정말 생겼으면 좋겠다고 생각하는 사업체와 그 이유는 무엇일까?
□ 그런 곳이 생긴다면 얼마나 자주 갈까?
□ 그곳을 이용할 만한 다른 잠재 고객들은 누가 있을까?
□ 그 사업체가 오래 살아남을 가능성은?
□ 그곳을 이용하기 위해 얼마나 먼 곳에서 사람들이 찾아올 것 같을까?

⋅내 아이를 위한 1퍼센트의 비밀 _____

나는 아이에게 기업가 정신을 불어넣어 주기 위한 첫걸음은 세상이 돌아가는 방식을 확실히 알려 주는 것이라고 생각한다. 그래야 자신이 무엇에 열정이 있는지 알 수 있다.

우리 집은 종이 신문을 구독하는데, 가족이 나갔다가 집에 모두 돌아오면 신문을 활용해 가족 토론을 한다. 나는 그날의 신문을 펼쳐 놓고 딸아이들과 사진도 보고 헤드라인에 대한 얘기도 한다. 대개 음식, 여행, 소매점, 집의 사진이 실린 기사를 골라 해당 기업이 어떤 문제를 해결하려 노력하고 있는지 얘기하며, 딸들에게 좋은 생각이라고 생각하는지 물어본다.

키미 그린(Kimmie Greene), 인튜잇 퀵북스(Intuit QuickBooks)

나는 운이 좋게도, 작은 기업의 소유주로서 아이들에게 나눠 줄 실무 경험을 아주 많이 가지고 있다. 우리 집 아이들은 주문 처리에서부터 마케팅, 고객 서비스에 이르기까지 각 업무가 어떻게 맞물려 돌아가는지는 물론이고, 그 모든 업무가 기업의 성공적 운영에 중요하다는 점까지 잘 이해한다.

킴(Kim), 마마 자바 커피(Mama Java Coffee)

우리 아버지는 회계 사무소를 운영하며 언제나 아주 독창적인 아이디어에 투자하고 싶어 했다. 아버지 회사의 고객은 기업가이기도 해서 우리는 기업가가 어떤 일을 하고 있고, 어떻게 아버지 회사의 고객이 되었는지를 대화 주제로 삼고는 했다. 나는 어렸을 때부터 사업에 강한 흥미가 생겼다. 아버지처럼 되고 싶었던 바람도 전적으로 그런 흥미와 결부되어 있었다. 아버지는 카폰으로 사업 얘기를 나누고, 퇴근 뒤에도 언제나 집에서 늦게까지 일했으며, 나는 고객과 무슨 얘기를 했는지 물어보면서 아버지와 유대감도 쌓았다. 그리고 그런 경험이 나를 기업가의 길로 들어서게 했다.

댄 와첼(Dan Wachtel), 하버 캐피탈 파트너스(Harbour Capital Partners)

일상생활 속
수요와 공급
알려 주기

저는 경제학 선생님이 수업 중에 읊고 또 읊던 '수요와 공급, 수요와 공급, 수요와 공급'이란 말을 평생 못 잊을 것 같습니다. 교수님은 웃기려고 일부러 그런 식으로 말했지만, 그 덕분에 수요와 공급이 경제학의 기본 개념이며, 따라서 사업의 기본 개념이기도 하다는 사실을 확실히 알게 되었지요.

수요와 공급이 없다면 사업은 존립이 불가능합니다. 모든 사람이 이 개념을 이해해야 한다는 것이 제 확고한 견해여서, 클레버 타이크스 스토리북 시리즈 중 한 권에 이런 개념을 집중적으로 다루는 꼭지를 넣기도 했지요. 《코드 잇 코디(Code-it Cody)》라는 책이었는데, 여기에서 칩이라는 남교사는 컴퓨터 동아리 회원들에게 사람들이 사고 싶어

하는 제품을 만드는 것이 가장 중요하다고 설명합니다. 그리고 그 예로 새로운 버전이 출시될 때마다 비디오 게임 전문 매장 밖에 긴 줄이 생길 정도로 인기 많은 게임을 개발한 컴퓨터 게임 회사 얘기를 해 주지요.

어떤 아이디어로 사업을 구상하든, 제품이나 서비스에 대한 수요나 시장이 있을지를 평가하는 것은 기본입니다. 누구에게 그 상품이 필요한지 알고 있으면 공략층이 정해지지요. 사업 세계를 더 깊이 이해하게 됩니다.

사업을 운영하건 사업체의 직원으로 일하건 상업적 인식은 중요합니다. 상업적 인식이 있어야 더 좋은 결정을 내리고, 사업이나 사업체 종사자를 위한 좋은 방법도 생각할 수 있지요. 제가 운영하는 회사에서는 상업적 인식을 갖추고 있다는 것이, 어떤 사업의 존재 이유를 확실히 이해하는 것을 기반 삼아 지지받을 만한 방법을 기획해서 제안할 수 있는 능력으로 통합니다.

수요가 언제나 명확한 건 아닙니다. 더 깊이 생각해야 하는 경우도 있지요. 다음과 같은 상황에 놓여 있다고 생각해 봅시다.

상황: 오렌지 vs 귤

저는 예전에 달달한 것이 먹고 싶어서 마트의 과일 코너로 갔다가 오렌지와 귤 사이에서 무엇을 고를지 갈등했습니다. 오렌지가 귤보다 가격이 더 쌌고, 크기도 더 컸습니다. 오렌지는 귤보다 맛도 좋지요. 하지만 저는 귤을 샀습니다. 왜일까요? 바로, 귤이 오렌지보다 껍질을 까기 더 쉽기 때문입니다. 껍질을 까기 쉽다는 장점이 가격과 크기와 맛의 장점을 누른 것이지요.

일상생활 속에서 수요, 공급, 상업적 인식을 주제로 토론을 유도하기에 좋은 몇 가지 사례를 활용해 볼까요? 각 예마다 답과 토론 논점에 대해 받았던 의견도 실었는데, 일부 의견일 뿐이니 다른 방향으로 이야기를 나누어도 괜찮습니다.

· 우리가 왜 이렇게 줄을 서서 기다리는 걸까?
· 줄이 더 짧아지게 할 수 있는 방법은 없을까?
· 필요한 물건을 살 다른 선택안은 없을까?
· 사람들이 왜 이 매장을 택했을까?

예를 들어, 다음과 같은 의견을 제시할 수 있겠습니다.

사람들은 기다릴 각오를 하고 물건을 사러 왔거나 이미 시간을 들여 그 매장까지 왔는데 그냥 가기 뭐해서 그렇게 줄을 서 있는 것이다. 계산대를 하나 더 열거나, 영업시간을 늘리거나, 서빙 직원들의 일 속도를 높이는 식으로 줄을 짧아지게 할 수 있다. 또는 다른 매장이나 온라인에서 구매하면 된다. 그 매장을 택한 이유는 자기 집이나 직장에서 가깝거나, 좋은 입소문이 난 곳이기 때문일 것이다.

- 날씨가 더워지면 사람들은 왜 아이스크림을 먹고 싶어 할까?
- 겨울엔 아이스크림 판매 트럭으로 무엇을 하면 좋을까?
- 아이스크림 판매 트럭은 아이스크림이 얼마나 팔릴지 어떻게 알까?

예를 들어, 다음과 같은 의견을 제시할 수 있겠습니다.

몸의 열을 식히고 싶어서거나 다른 사람들이 다 먹고 있으니 먹고 싶어져서가 아닐까? 또는 겨울에는 뜨거운 음료나 따뜻한 음식을 팔거나, 날씨가 더 따뜻한 곳으로 장소를 이동하면 될 것 같다. 작년의 판매량이나 기상 예보를 바탕으로 예측할 것 같다.

───────────────────────────────── **아이와 함께 실전 연습** 🎙

이어서 추가로 더 연습해 봅시다.

□ 음악 학원에서는 매주 레슨을 몇 번 할 수 있을까?
□ 어떻게 하면 더 많은 학생을 받을 수 있을까?
□ 어떻게 하면 돈을 더 많이 벌 수 있을까?

의견: 매일 일하는 시간 늘리기, 집으로 찾아가서 레슨을 하거나 그룹 수업을 진행하기, 음악 교재 팔기, 온라인 강의하기, 레슨비 올리기

　　　　　　　2장 · 상위 1퍼센트 자녀로 키우는 기술

· 내 아이를 위한 1퍼센트의 비밀

 열일곱 살인 딸이 사업 아이디어를 이야기할 때마다 사업의 절차를 이해시켜 주기 위해 노력한다. 우선, 아이디어가 실행 가능하고 돈벌이가 될지 확인해 보는 단계를 거치게 한다. 그 상품이나 서비스를 누가 구매할지, 구매 의사가 있는 사람은 그 상품이나 서비스가 나오기 전엔 어떻게 했을지, 딸이 그 상품이나 서비스가 정말로 필요한 사람이 있을 거라고 생각하는 이유를 들어 본다. 그런 다음 생산 비용과 마케팅 비용과 더불어, 그 사업을 성공시키기 위해 필요한 각각의 일을 누가 할지에 대해서도 얘기한다. 때때로 문제의 해결을 위해 너무 많은 조사와 준비와 노력이 필요할 때는 그 아이디어를 포기한다. 대략 4개월마다 이런 과정을 반복한다.

마티 슐츠(Marty Schultz), 블라인드폴드 게임스(Blindfold Games)

 나는 두 아들이 동네에 있는 소규모 사업체에서부터 광고에서 보는 중견 규모와 대규모의 사업체에 이르기까지 이런저런 사업체를 접할 때면 '왜?'라는 질문을 해 보게 한다. 같이 '4P' 게임을 벌여 product(상품), price(가격), place(장소), promotion(판촉)에 따라 그 사업체를 분석해 보며 이런 부분, 부분이 함께 맞물려 작동되는 방식을 알아본다. 그러다 보면 일상생활 속에서 수학의 쓰임새도 이해할 수 있다.

클린트 화이트(Clint White), WiT 미디어(WiT Media)

우리 가족은 샌드위치를 파는 식당을 운영했다. 서브 샌드위치[sub sandwich, 기다란 빵에 각종 재료를 넣어 만든 샌드위치로, 모양이 잠수함(submarine)을 닮았다고 붙여진 이름-옮긴이]를 만들어 팔았다. 나는 중학생 때 매일 점심 도시락으로 직접 12인치 서브 샌드위치를 만들었는데, 먹기 더 편하게 반으로 잘랐다. 자른 반쪽 중 하나는 2인치 크기로 3등분하기도 했다. 교내 식당의 점심 메뉴가 워낙 형편없어서, 3등분한 샌드위치 한 조각당 2달러에 팔아도 쉽게 팔렸다. 그렇게 샌드위치 반쪽으로, 학교 밖에서 팔리는 샌드위치 1개 가격을 받으며 6달러를 벌었다.

내가 판 서브 샌드위치가 학교에서 인기였던 이유는 공급량이 아주 제한되어 있었기 때문이다. 단 세 명만 내 샌드위치를 먹을 수 있었다. 물론, 교내 식당 밖에서도 서브 샌드위치를 팔았지만 나는 반값으로 서브 샌드위치를 팔았다. 수요와 공급 원리를 활용해 두 배의 돈을 번 것이다. 이런 능력은 부모님이 말로 가르쳐서 배운 것이 아니라, 환경에 따라 터득한 것이었다. 6학년에 올라가기도 전에 나는 벌써 식품비를 계산하고, 손익 계산서를 읽으며, 마이크로소프트 엑셀로 부기를 작성할 줄 알았다. 수요와 공급이 무엇인지 알게 되었을 무렵에는, 이미 몇 년 전부터 수요와 공급을 활용하고 있었다.

프랭크 존스(Frank Jones), 옵서스 마케팅(OptSus Marketing)

긍정으로
이끄는
뇌 트레이닝

학교 숙제로 휴일 일기를 썼던 때가 기억납니다. A4 용지 위쪽 절반은 공백이었고 아래쪽 절반에는 줄이 그어져 있었지요. 저는 위쪽에는 그날 했던 활동을 그림으로 그리고, 아래쪽에는 그 활동을 설명하는 글을 적었습니다. 그날 했거나 성취했거나 배웠던 일을 떠올리며 그림과 글로 정리하는 것이 정말 재미있었지요.

지금 와서 깨달았지만, 저는 매일 일기 쓰기를 습관으로 들이면서 하루하루를 되돌아보며 무엇이든 헛되이 쓰지 않는 데 도움을 받았습니다. 잠재의식이었을 테지만, 모든 날을 소중하게 여겨야 한다고 느끼기 시작했지요. 안 그러면 쓸 내용이 없었을 테니 그럴 만도 했습니다. 내일 무엇을 하고 싶고, 시간을 다르게 보낼 방법은 없었는지, 그날의 일이 즐거웠는지에 대해 써 볼 수도 있었습니다. 다시 말해, 저의 일상을 의식하면서 스스로 결정을 내릴 수 있었지요.

매일 일기를 쓰다 보니 감사하는 마음이 커지기도 했습니다. 언제나 그날 하루 동안 있었던 좋은 일에 초점을 맞추게 되었지요. 그런 좋은 일을 떠올리면 저절로 미소가 지어졌습니다.

'감사하기'는 그 자체로 스트레스를 감소시켜 주는 등 여러모로 건강에 유익하다는 것이 그동안 충분히 입증되었지요. 기업가 아리아나 허핑턴(Arianna Huffington)이 쓴 《제3의 성공: 더 가치 있게 더 충실하게 더 행복하게 살기(Thrive)》를 보면, "미네소타 대학교와 플로리다 대학교의 연구진이 진행한 연구에 따르면, 실험 참가자들에게 하루를 마무리할 때 긍정적인 일을 (그 일들이 기분 좋았던 이유와 함께) 적어 보게 했더니 자가 진단 스트레스 지수가 낮아지고 밤에 느끼는 평온감은 높아졌다"라고 합니다.[38]

일기 쓰기와 감사하기는 뇌가 긍정적인 면에 집중하도록 훈련시키고, 과거나 미래가 아닌 현재를 살게 하기 때문에 하루하루를 시작할 탄탄한 토대를 닦을 수 있습니다.

아이가 어릴 때부터 이런 토대를 닦아 간다면, 미래에 얼마나 행복하고 충족감 있게 살지 상상해 봅시다. 아이에게는 분명 험난한 세상 속에서 어디서도 얻지 못할 귀한 마음의 유산과도 같을 것입니다.

☐ 아이에게 "오늘 어떤 즐거운 일이 있었어?", "오늘 무엇을 배웠어?"와 같이 물으며 매일 하루를 돌아보는 시간을 가진다.

☐ 밤마다 잠자리에 들기 전에 아이에게 가장 감사한 일 세 가지를 적게 한다. 감사의 대상은 그날 만난 사람, 갔던 장소, 있었던 일이 될 수도 있고, 자연의 일면이나 남들에게 일어났던 좋은 일, 심지어 날씨도 괜찮다.

☐ 한 발짝 더 나가 매일 '감사한 점 세 가지'를 나중에 다시 읽을 수 있을 만한 곳에 적어 두는 것도 좋다.

☐ 아이가 실수를 했거나 일이 계획대로 되지 않았더라도 여전히 감사한 이유를 짚어 본다(예를 들어, 배울 기회나 다음번엔 더 잘할 기회나 다른 것을 해 볼 기회 등을 얻었다면 그것도 감사할 만한 일이다).

사라 블레이클리
Sara Blakely

보정 속옷 브랜드 스팽스(Spanx)의 창업자

마흔한 살이던 2012년, 〈포브스〉에 세계 최연소 여성 자수성가 억만장자로 선정됨.

블레이클리가 친구와 가족에게 처음으로 스팽스(스타킹을 신은 채 샌들을 신고 싶어 스타킹의 발목 부분을 자르는 것–옮긴이)를 얘기했을 때 '다들 경악스러운 얼굴을 했다'[39]고 한다.

어린 시절, 블레이클리와 남동생은 매일 저녁 식사 자리에 앉으면 아버지에게 그날 실패한 일을 얘기해 보라는 말을 들었다. 아버지는 그 얘길 듣고 실망하거나 화내거나 속상해하는 게 아니라 시도한 것을 칭찬해 주었다. 블레이클리가 비즈니스 뉴스 사이트 비즈니스 인사이더(Business Insider)의 인터뷰에서 밝혔듯, 그 일로 "실패의 정의를 새로이 고치게 되었다"라고 한다. 덧붙여 이렇게 말했다.

"이후로 저에게 실패는 결과라기보다 시도하지 않기가 되었어요. (중략) 일이 제 기대대로 되지 않았을 때나 어떤 상황 때문에 쩔쩔맬 때마다 아버지는 글을 쓰면서 숨겨진 재능을 찾아보고 그 재능을 어디에서 얻었는지 생각해 보라고 격려해 주셨어요. 그러다 차츰 깨달았어요. 모든 일에는 놓치고 싶지 않을 만한 감동적이고 소중한 교훈이 있다는 것을요"[40]

• 내 아이를 위한 1퍼센트의 비밀

　나는 매일 하루를 마무리할 때 딸과 같이 '보고' 시간을 갖는다. 이 시간에는 그날 하루 동안 내가 한 일은 무엇이고, 누구를 만났고, 그 사람과의 만남이 어땠고, 그 자리에 왜 나갔고, 새로 만난 사람은 없는지 등을 얘기해 준다. 그뿐만 아니라 블로그 게시글, SNS 게시글, 새로운 협력, 팟캐스트처럼 새로 한 활동도 들려준다. 아이들이 엄마가 눈앞에서 사라져, 자기들은 그냥 '직장'으로만 알고 있는 알쏭달쏭한 곳에 가는 게 아니라는 사실을 느끼게 해 줘야 한다는 것이 내 생각이다.

　딸은 내 얘기를 듣고 나서, 자신의 하루도 어땠는지 얘기해 준다. 인형이나 친구와 놀았다거나, 같이 중요한 얘기를 했다거나, 받는 사람이 좋아할 만한 작품을 만들거나 그림을 그렸다며 재잘거린다.

코린 우드먼 홀로우벡(Coreyne Woodman-Holoubek), 컨트랙티드 리더십(Contracted Leadership)

　나는 어렸을 때 꼬박꼬박 일기를 썼다. 덕분에 내가 무엇을 소중히 여기고 내 진심이 무엇인지 깨달았다. 내가 겪었던 일과 생각, 느낌을 다시 읽을 기회를 가지면 감정 관리에 유용한 것 같다.

칼리나 스토야노바(Kalina Stoyanova), 인디펜던트 패션 블로거스(Independent Fashion Bloggers)

　나는 꾸준히 일기를 쓰면서, 내 머릿속에만 들어 있을 뿐 주변 사람은 절대 모를 것 같은 생각을 표현하는 데 도움을 받았다고 생각한다. 나는 내가 주위 사람들과 잘 어울리지 못한다고 생각했고, 그래서 내가 하고 싶은 일에 대한 생각을 지면에 표현하면서 맘껏 창의적인 사고를 펼쳤다.

샬린 부처(Charline Bucher), 타임 애즈 디스 LLC(Time As This LLC)

미래를
대비하는 요령

저는 어린 시절부터 여행을 갈 때마다 언제나 직접 여행 가방을 쌌습니다. 아마 네 살 때가 처음이었을 것입니다. 그때 저는 다음 날 여행을 간다는 것을 알고 있었는데, 어머니가 가방에 필요한 물건을 꼼꼼히 챙겨 넣으라고 시켰지요. 저는 '내 짐인데 나 말고 누가 챙길까?' 하고 당연하게 생각했지요.

지금에 와서야 깨달았지만 그건 당연한 일이 아니라, 어릴 때 배운 대로 몸에 밴 생각이었지요. 인생을 바꿀 대단한 사건도 아니고 그저 여행 가방 싸는 일이었지만, 지금 써먹는 온갖 기량을 어릴 때부터 익혀 온 셈이었습니다. 그렇게 여행 가방을 싸다 보니, 할머니 댁에서 주말을 보내는 사소한 일에도 미래를 대비해 계획을 짤 줄 아는 요령이 생겼지요. 제약이 있는 상황에 대처하는 법도 배웠습니다. 가령, 여행 가방의 공간이 부족한데 언니의 가방에도 여유 공간이 없을 때 비판적 사고를 해 보았습니다. '어떻게 할까? 꼭 가져가야 할 물건은 무엇일까? 우선적으로 챙겨야 할 것은 무엇이고 아쉽지만 빼야 할 것은 무엇일까?' 여행 가방을 쌀 때는 저 대신 결정을 내릴 사람이 없었기 때문에 자립성과 의사 결정법을 익힐 수 있었지요. 실수를 통해 배울 줄도 알게 되었습니다.

되돌아보면 평생의 삶과 지금껏 이룬 모든 성취에서 이런 배움이 큰 역할을 했다는 생각이 듭니다. 지금까지의 모든 획기적 사건, 포상, 성공의 원천은 내가 꼬마였을 때 가족이 휴가를 떠날 때마다 알아서 여행 가방을 싸게 했던 어머니의 교육법으로 거슬러 올라갑니다.

_____ **아이와 함께 실전 연습** ✎

☐ 아이에게 꼭 가져가야 할 물건을 목록으로 적게 한다.

☐ 아이에게 도움 없이 혼자 여행 가방을 싸게 시키면서 잘하는지 지켜본다.

☐ 가방에 짐을 넣기 전에 가져갈 것들을 전부 바닥에 펼쳐 놓게 한다.

☐ "그 물건은 언제 필요할 것 같아?", "그중에 없어도 다른 걸로 대신할 만한 것들은 없을까?"라고 물어본다.

☐ 짐 싸기를 잘했을 때는 가방에 넣어 갔던 물건의 목록을 만들어서 다음번에 참고로 삼게 한다.

☐ 결정을 감수하게 한다. 어른은 짐을 직접 끌고 다녀야 하기 때문에 너무 많은 짐은 싸지 않는 편이다. 아이에게도 결정에 따른 책임을 감수하게 할 만한 방법을 생각해 보아라.

• 내 아이를 위한 1퍼센트의 비밀 _____

나는 돈 문제를 의논할 때 아들도 참여시킨다. 예전에 아들을 데리고 로스앤젤레스로 휴가를 떠난 적이 있었는데, 호텔의 주차비가 하룻밤에 40달러였다. 호텔 옆 건물의 주차장은 하룻밤에 15달러를 받았다. 그곳에 주차를 했다. 그러자 아들이 호텔까지 걸어가야 한다며 투덜거렸다. 아들에게 호텔 옆 주차장에 주차하면 25달러 더 싸니 6일이면 150달러가 절약되고, 그러면 휴가 중에 놀거리에 쓸 돈이 150달러 더 늘어나는 셈이라고 알아듣게 얘기했다. 아들은 호텔 옆에 주차하면서 생기는 여윳돈 150달러를 놀거리에 쓰자는 생각에 동의했다.

그리고 휴가를 가면 아들에게 미리 돈을 주고 자기 마음대로 쓰게 해 준다. 음식과 호텔비 같은 기본 비용은 내가 대지만, 아들이 장난감을 사거나 게임을 하고 싶어 할 땐 아들에게 자기 돈으로 계산하게 시켜서 돈을 쓸지 말지를 알아서 결정하게 한다. 돈도 직접 내게 시켜서, 아들은 세금 포함 가격이 얼마인지 혼자 힘으로 알아낸 다음(세금 계산 부분은 내가 도와준다), 계산원에게 돈을 건넨 후에 잔돈까지 잘 챙겨 받아야 한다.

알렉산드라 액센(Alexandra Axsen), 레이크 오카나간 리얼티(Lake Okanagan Realty Ltd)

어릴 때, 집안 규칙에 따라 일요일에는 컴퓨터를 할 수 없었다. 아침에 교회에 갔다 집에 올 때는 오후에 시드 마이어의 콜로니제이션(Sid Meier's Colonization, 당시의 인기 전략 게임)을 하고 싶어졌지만 그럴 수가 없었다. 대신 평일에 게임을 하면서 메모를 해 두었다가 일요일에 그 메모와 135쪽짜리 게임 매뉴얼을 들여다보며, 평일에 시도해 볼 만한 전략을 짰다.

  그렇게 게임에 열광하다 어느새 소프트웨어 짜기에 빠지면서, 일요일 오후마다 프로그램을 쓰게 되었다. 그리고 월요일에 학교에 갔다 오자마자 글로 입력했다. 내가 컴퓨터 공학 학위를 수료할 당시만 해도 노트북은 학생 형편으로는 꿈꿀 수 없는 사치품이어서, 나는 파일 400개 분량의 졸업 과제를 즐겨 찾는 커피숍에 앉아서 A4 용지에 직접 쓴 다음 저녁에 실습실에 가서 타이핑으로 입력했다. 지금까지도 소프트웨어 코딩을 최대한 미루며, 오랜 시간 동안 머릿속에서 프로그램의 틀을 잡고 나서야 키보드를 두드린다.

  이러한 경험으로 크게 영향을 받은 것이 또 있다. 기업가로서 일에 착수하기 전에 차근차근 계획을 세우는 면에 주의를 기울이게 되었다는 점이다. 나는 어떤 경우든 상황에 따라 그때그때 대응하기보다, 면밀하게 장기 전략을 세우길 좋아한다. 매주 한 번씩 하고 싶은 일을 못 하고 계획만 짜며 하루를 보냈던 어린 시절의 경험은 내 사고방식과 긍정적 태도에 아주 결정적인 역할을 했다.

제레미 워커(Jeremy Walker), 탈라무스 AI(Thalamus AI)

의사소통 능력을
키우는 법

사업하는 사람은 의사소통 능력이 좋아야 합니다. 피칭, 영업, 팀 이끌어 가기, 고객 및 파트너와 신뢰 쌓기 등 해야 하는 대다수 활동에서 의사소통 능력은 중요한 요소입니다. 전화를 잘 받는 방법을 배우면, 이런 중요한 의사소통 능력을 어느 정도 키워 볼 수 있지요.

우리 집에서는 전화벨이 울리면 흥분해서 다들 전화기 쪽으로 달려갔습니다. 서로 먼저 "내가 받을게!"라고 외치면서 수화기를 집어 들려고 난리였지요. 우리는 누가 우리에게 할 얘기가 있어서 전화했다는 생각에 들떴고, 전화한 사람이 누군지 어서 알고 싶어 했지요.

전화를 받아 보면 대부분은 어머니 친구였습니다. 그때는 발신자 정보가 뜨지 않아서 전화한 사람이 말을 할 때까지 누구인지 몰랐지만, 제가 전화를 받으면 어머니 친구들은 "엄마 계시니?"라는 말을 하기 전에 저에게 잘 지내냐고 물으면서 학교나 취미 생활이나 반려동물에 대한 얘기를 주고받았지요. 그러다 보니 어른들과 얘기를 나누는 게 자연스러운 일이 되었고 전화를 받는 것도 대수로운 일이 아니었습니다.

사업을 운영한 이후로 저는 전화 받기나 전화 통화를 싫어하고, 특히 다른 사람이 들을 수 있는 상황일 때 유독 더 그러는 사람들을 보게 되었습니다. 2019년에 영국의 사무직 종사자들을 대상으로 실시한 한 설문 조사 결과에 따르면, 베이비붐 세대의 40퍼센트와 밀레니엄 세대의 70퍼센트가 전화벨이 울릴 때 불안감을 느끼는 것으로 나타났습니다.[41] 여러분도 그런 경우에 속할 수 있습니다. 이처럼 요즘엔 사람들이 이메일, 왓츠앱(WhatsApp, 메신저 앱), SNS 뒤에 숨어 전화를 잘 걸지 않으려 합니다. 하지만 고객이나 동료가 될 만한 사람들을 잘 알게 되는 데 유용한 방법은 전화와 대면 접촉입니다.

발신자 정보가 없을 때는 전화벨이 울리면 그 미지의 상대방에게 위축감이 들 수 있습니다. '누구일까? 무슨 일로 전화를 건 걸까? 무엇을 원하는 걸까?'라며 발신자 정보가 있어도 왜 전화를 건 것인지는 모를 수 있지요. 아이가 자신 있게 전화를 받으면서 상대방의 요구에 잘 대응할 수 있으면, 준비성을 갖추는 기량과 자립적으로 생각하는 능력이 키워지며, 이 두 가지는 어떤 일을 시도할 때든 유용합니다.

전화를 받는 것과 별개로, 무작위 전화를 거는 문제도 있습니다. 무작위 판촉 전화를 좋아할 사람은 없겠지만, 무작위로 전화를 걸어서 필요한 정보를 확실히 전달하거나 요청하는 일은 꼭 기업가가 아니라도 일상생활에서 꼭 필요한 일입니다. 진료 예약이나 치과 예약 같은 일상적인 전화 걸기는 무슨 문제가 생길 위험을 감수하지 않고도, 무작위 전화 걸기를 연습할 좋은 기회가 될 수 있지요. 기억해 보면, 저는 어릴 때부터 병원이나 치과에 갈 일이 있을 때는 항상 직접 예약했습니다. 지금에 와서 깨달았지만, 어머니는 직접 예약하는 것을 자신감과 자립심을 키우는 한 방법으로 생각했던 것 같습니다.

_____ 아이와 함께 실전 연습 &

다음과 같은 방법으로 아이에게 자신 있게 전화를 걸고 받는 능력을 키워 주길 권한다.

☐ 전화를 받거나 끊는 버튼이 어떤 건지 가르쳐 주기
☐ 벨소리를 정하게 해 주기
☐ 여러 가지 인사말을 연습시켜서 가장 마음에 드는 인사말을 골라 쓸 수 있게 해 주기
☐ 전화 받는 일을 별일 아닌 것으로 여기게 해 주기
☐ 전화 걸기 역할놀이를 하면서 전화를 거는 사람 역할을 서로 돌아가며 대화하는 연습해 보기
☐ 옆에서 응원하며 아이가 자신감이 붙을 때까지 처음 몇 번은 스피커폰으로 전화를 받게 해 주기
☐ 당신의 친구들에게 전화 통화 연습을 시키고 있다고 미리 알려서, 그 친구들이 아들이나 딸의 전화 받기 연습을 거들어 주게 하기
☐ 전해 줄 메시지를 받아 놓는 방법이나 전화기를 넘겨주기 전에 해야 하는 말 등을 가르쳐서 이런저런 상황에 대비시켜 주기

· 내 아이를 위한 1퍼센트의 비밀

　부모님은 우리가 어렸을 때 전화를 받고 거는 연습을 해 보게 했다. 내가 아홉 살 때의 일이 지금도 기억난다. 어머니가 병원에 입원해 있던 때였는데, 내가 어머니와 통화하고 싶어 하자 아버지는 나에게 직접 전화를 걸어야 한다고 말했다. 그래서 병원 접수처에 전화해서 어머니의 이름과 병실 호수를 말하며 전화를 연결해 달라고 부탁했다. 그 순간엔 겁이 많이 났지만 그런 식으로 전화 통화를 자주 연습한 덕분에 어른들과 얘기하며 필요한 정보를 알아내는 데 자신감이 붙게 되었다.

메릴 존스턴(Meryl Johnston), 빈 닌자스(Bean Ninjas)

　우리 집에서는 전화벨이 울리면 전화를 받는 일은 우리 담당이었다. 그런 교육을 통해 우리는 모르는 사람들과도 얘기를 나누며 대화에 능숙한 것의 중요성을 배웠다. 어렸을 때 식당 같은 곳에 가면 주문도 우리가 해야 했다. 내가 여섯 살 때는 호주로 이사 가기 전에 가족이 자동차로 미국을 가로질러 여행한 적이 있었는데, 그때 모텔에 들를 때마다 나와 형이 안으로 들어가서 묵을 방이 있는지 확인하고 숙박비도 물어봤다.

마크 클라크(Mark Clark), 키퍼슨 오브 인플루언스(Key Person of Influence QLD)

　기억해 보면, 나는 어릴 때 전화기에 아주 흥미가 있었다. 그때만 해도 전화기가 다이얼식이라 높은 숫자를 돌리려면 힘을 좀 줘야 했다. 전화번호부라는 것이 무엇인지도 몰랐던 내가 되는대로 다이얼을 이 번호 저 번호 돌리면 부모님은 재미있어 했다. 나중에는 '전화 집사' 역할을 자처해 부모님께 온 전화를 받고 전할 말을 받아 놓는 일에 재미를 들이기도 했다.

10대 때는 아르바이트로 시장 조사 보조 일을 하며 사람들에게 전화해서 전화 인터뷰를 했는데 정말 재미있었다. 이전에 거절했던 사람들에게 전화해서 조사에 응하도록 설득하는 일이 나에겐 정말 재미있는 도전이었다.

새빈 하나우(Sabine Harnau), 프롬 스크래치 커뮤니케이션스(From Scratch Communications)

시간 관리를 위한
계획 세우기

제가 쓴 글 중 인기를 얻었던 글의 제목은 '평생 살 것처럼 행동하지 마라'입니다. 어른들은 이 지구별에서 남은 시간이 빠르게 줄고 있다는 사실을 차츰 의식하게 됩니다. 하지만 어릴 때는 그런 생각은 아예 하지도 않지요. 한편으론 영원히 살 것 같아 시간이 아쉽지 않은 걱정 없는 삶이 멋지게 느껴집니다. 그런데 또 한편으로 보면, 시간을 유한한 자원으로 여기지 않을 때는 시간을 낭비하기 쉽지요.

예전에 읽었던 글 중에서 '딸아이는 언젠가 대학교에 들어가 내 옆을 떠날 거야'라는 말을 매일같이 되뇌던 아버지가 기억납니다. 딸이 마침내 대학교에 들어갔을 때, 아버지는 그동안 딸과 최대한 많은 시간을 보낼 수 있었던 걸 다행으로 여겼지요. 18년이라는 시간도 정말

쏜살같이 흘러가 버렸다는 것을 깨달았지요.

계획 세우기를 잘하려면, 그 계획과 관련된 모든 사람들이 시간을 최대한 활용해야 합니다. 쏜살같이 지나가는 시간을 유리하게 쓸 방법을 의식적으로 결정하고, 시간을 어떻게 보냈는지도 돌아봐야 합니다. 그렇다고 달력에 꼭 여러 가지 활동이나 나갈 일이나 의무를 잔뜩 적어 놓지 않아도 됩니다. 심지어 매주 그런 일을 할 만한 시간 여유가 얼마나 되는지 의식하는 정도만 되어도 유용하지요.

클레버 타이크스 스토리북 시리즈 중 《워크 잇 윌로우(Walk-it Willow)》에 나오는 윌로우라는 여자아이의 이야기를 예로 들어 봅시다. 윌로우는 개 산책 사업을 시작하고, 고객과 약속한 일정을 체계적으로 정리하기 위해 달력을 활용합니다. 그러자 정신없고 시간에 쫓긴다고 느꼈던 예전과는 달리, 이제는 자신이 하루하루를 지배하면서 시간의 주인이 된 듯한 기분이 들었지요.

─────────────────────────────────────── 아이와 함께 실전 연습 ✎

☐ 모든 가족이 볼 수 있게 냉장고 같은 곳에 주간 일정표를 붙여 놓는다.
☐ 아이에게 자기만의 달력을 줘서 하고 싶은 대로 할 일을 적게 한다.
☐ 아이가 표시해 둔 활동과 그 활동의 계획을 어떻게 짜면 좋을지 같이 얘기해 본다.
☐ "산책하러 언제 나갈까?", "목요일 저녁엔 뭐 먹고 싶어?", "그 일을 위해 미리 어떻게 준비할 수 있을까?"와 같이 질문한다.

☐ 시간을 더 여유 있게 준다. 돌아다닐 시간, 장거리 자동차 이동 중 중간 휴식 시간 등 여유 시간을 두고 활동 시간을 충분히 늘려 주어라.

☐ 아이에게 취사선택 개념을 알려 줘서 하나를 하면 다른 하나는 못 하게 된다는 것을 이해시킨다.

· 내 아이를 위한 1퍼센트의 비밀

시간 관리를 미리 가르치는 가정은 드물다. 아이에게 자기 일정표를 갖게 해 주어 조직력을 기르고, 가족 행사, 학교 과제 제출일, 과외 활동을 잘 챙기게 해 주어라. 그래야 아이가 여러 가지 할 일과 책임에 우선순위를 두어야 한다는 개념을 이해할 수 있다. 아이가 현재만이 아니라 앞일에 대해서도 생각할 줄 알게 해 주어라. 시간 관리를 할 줄 아는 것 외에도, 지금 하는 일이 나중에까지 영향을 미친다는 사실을 이해할 수 있어야 한다. 함께 그 주의 계획을 미리 짜면서, 아이가 나중에 덜 힘들어지려면 지금 어떻게 해야 할지도 살펴봐 주어라.

잉거 엘렌 니콜레센(Inger Ellen Nicolaisen), 니키타 헤어(Nikita Hair)

나는 아이들에게 균형감을 가르치고 있다. 나는 나의 일과 아이들과 보내는 시간 사이에 균형을 맞추는 모습을 모범으로 보여 주면서, 기업가의 삶에서 가장 중요한 교훈을 가르치는 중이다. 기업가로 살려면 열심히 일하고 열심히 놀아야 한다는 신조에 따라, 나는 노트북을 내려놓거나 컴퓨터에서 손을 떼고 아이들과 같이 밖에 나가서 놀아 주고 있다. 이런 솔선수범이 미래의 균형감 잡힌 기업가를 길러 내는 데 도움이 될 거라고 자신한다.

킴(Kim), 마마 자바 커피(Mama Java Coffee)

책임감과 자립심 키워 주기

책임을 지려면 자신의 임무와 할 일에 주인 의식을 가져야 합니다. 또한 다른 사람이 대신 해 주길 바랄 게 아니라, 자신이 주도적으로 하고 싶어 해야 합니다. 천성적으로 책임감이 강한 사람도 있지만, 책임감은 배워서 습득할 수도 있는 자질입니다. 책임감을 키워 주려면 자립심을 바탕으로 삼아 목표와 방향을 부여해 주면 됩니다.

책임감과 자립심을 비교하면 다음과 같습니다.

- 자립심은 학교에서 집까지 혼자 걸어서 올 수 있는 것이고, 책임감은 바른 경로를 벗어나지 않는 것이다.
- 자립심은 혼자 알아서 여행 가방을 싸는 것이고, 책임감은 주인 의식

을 갖고 가방을 잘 싸는 것이다.

· 자립심은 스스로 결정을 내릴 수 있는 것이고, 책임감은 적절한 결정을 내리기 위해 노력하는 것이다.

제가 사람들과 함께 일하면서 깨달은 가장 중요한 자질은 자신이 하겠다고 말한 일을 해내는 능력입니다. 어떤 직업이든 책임감을 실천하고 증명해 보일 수 있는 사람이 더 많은 책임을 맡습니다.

미래 인재는 자신의 일에서 책임감을 갖고 일해야 합니다. 아무도 졸졸 따라다니면서 할 일을 다 마쳤는지, 해야 할 전화를 했는지, 사업을 원활히 성사시킬 만한 조치를 위임하고 할당했는지 등을 챙겨 주지 않습니다.

아무리 멋진 아이디어라 해도 그 아이디어를 현실로 만들어 내기 위한 책임을 이행하기 전까지는 머릿속 아이디어로 그칠 뿐입니다. 책임감을 갖고 잘 해내다 보면 애정을 갖는 직업에 종사하며 좋은 평판을 얻어, 일과 삶에서 성공을 거둘 수 있을 것입니다. 그러니 아이에게 미래의 꿈이 대단한 책임감이 필요한 일이 아니더라도, 책임감을 가지면 무엇이든 자신이 선택한 일에 최선을 다하게 되어 결과적으로 더 높은 만족감을 얻고 더 높은 목표를 세우게 된다고 말해 주세요. 책임감을 다하지 못하면 거래를 성사시키지 못하거나, 회계 조사를 받거나, 더 심한 일까지도 겪게 된다는 현실적인 조언도 덧붙여서 말이지요.

다음은 아이가 책임감을 배우도록 도와줄 수 있는 방법이다.

☐ 부모가 직접 책임감을 실천하면서 책임감에 대해 말해 준다. 또한 왜 책임감을 갖고 행동해야 하는지 이유도 함께 알려준다.

☐ 가능한 한 어린 나이 때부터 아이가 집안일을 돕도록 유도한다. 이불 개기, 테이블보 깔기, 요리하기, 청소하기 등 아이와 함께 해 볼 만한 일을 활용하면 된다.

☐ 성과가 날 때까지 인내심을 갖고 기다려 준다. 가장 중요한 문제는 임무를 완수하는 것이고, 임무를 얼마나 잘 완수했는지는 두 번째 문제다. 완벽하게 해내는 것에만 신경 쓰면, 아이가 끝까지 해낸 것을 제대로 알아봐 주지 못하니 주의해야 한다.

☐ 아이에게 책임 맡을 일을 정해 준다. 식물 돌보기나 집안일도 괜찮고, 그러기에 적절한 나이라면 어린 동생을 돌보는 일도 맡겨 볼 만하다. 임무나 책임을 맡기고 나서 잘하는지 지켜봐 주면, 아이가 열심히 노력해 끝까지 그 일을 해내는 데 도움이 될 수 있다. 무엇을 어떻게 해야 할지 미리 계획을 짜 놓아, 누가 옆에서 일러 주지 않아도 알아서 책임감을 갖도록 도와주면 더 좋다.

·내 아이를 위한 1퍼센트의 비밀 _____

내가 어렸을 때 부모님은 보수적인 기업가였다. 두 분 다 상근직 직장에서 일하면서 부업으로 셀프 서비스 세차장 두 곳을 운영했다. 우리가 학교에서 학업이나 학칙상으로 문제가 생길 때마다 아버지는 "한낱 인간인 다른 사람이 네 삶에 이래라저래라 참견하는 말에 휘둘리지 마라. 그 말이 마음에 들지 않으면 무엇인가 행동을 해라"라고 말했다. 그래서 나는 아버지 말대로 교복 변경을 위해 탄원서를 모으고, 모금 활동을 벌이고, 고등학교 상급반 때 내 건강상의 문제에 맞춰 수업 시간표를 재조정했다. 부모님은 내 스스로 하게 했고, 개입해서 대신 싸워 주지 않았다. 내가 탄원서를 작성했을 때 아버지가 탄원서의 어구를 다듬어 주거나, 어머니가 모금 활동에 도움을 받을 만한 사람들의 전화번호를 알려 주는 정도였다. 하지만 항상 큰 응원을 보내 주었다.

아이의 재능에 그런 확신을 가져 주는 것이야말로 기업가 정신을 키워 주기 위한 핵심이다. 부모가 아이는 반드시 성공할 거라고 믿어 주면, 아이 자신도 선뜻 그렇게 믿게 된다.

루스 라우(Ruth Rau), 마우스 러브스 피그(Mouse Loves Pig)

아이에게 기업가 정신의 의식을 키워 주고 싶은 부모라면, 다음과 같이 권고하고 싶다. 헬리콥터 부모(자녀의 주위를 맴돌며 모든 것을 챙겨 주고 지나치게 관여하는 부모-옮긴이)가 되지 마라. 아이에게 소소한 집안일과 책임지고 할 일을 맡겨라. 학교 과제를 책임지고 하게 맡겨라. 잔소리하지 말고 과제를 잘 해낼 거라고 기대를 걸어 주어라. 과제를 마치지 않으면 결과에 따른 책임을 지게 해라. 아이를 위해 하나에서부터 열까지 다 해 주려 하지 마라. 실수도 해 보면서 그 실수를 통해 배우게 해 주어라.

이런 경험은 판매술과 기본 회계를 비롯한 여러 가지를 배워 볼 기회가 된다. 스포츠 활동이든, 보이 스카우트나 걸 스카우트 활동이든, 컴퓨터 코딩 기술이든 무엇으로든 열정과 기량을 북돋아 줘라. 아무리 바빠도 같이 저녁을 먹으면서 아이가 자신에게도 발언권이 있다는 것을 느끼게 해 주어라.

애니타 마하페이(Anita Mahaffey), 쿨 잼스(Cool-jams Inc)

아주 나이 어린 아이를 둔 부모라면, 아이에게 온라인상에 자신의 존재와 이미지에 '주인 의식'을 갖도록 해 주는 게 좋다. 이런 주인 의식은 자율성을 심어준다. 기업가 정신의 맥락으로 바꾸어 말하자면, '그만한 책임을 질 수 있다면 이제는 세상에 나가 자신의 일을 스스로 해도 될 만한 능력을 갖추는 것이다'라는 뜻이다.

멜리사 슈나이더(Melissa Schneider), 고대디(GoDaddy)

국제적 감각을
위한
외국어 공부

균형 감각은 사업을 할 때에 중요한 요소입니다. 상황을 멀리 떨어져서 살펴보면, 작고 사소한 사항은 덜 중요하게 보여 정말로 중요한 부분을 평가하기에 아주 유용합니다.

주변의 세계를 더 빨리 의식할수록 균형 잡힌 시각도 더 빨리 배울 수 있습니다. 제가 연구한 여러 기업가와 비즈니스 리더의 상당수는 어린 시절에 국제적 경험이 어느 정도씩 있었지요. 이를테면 신문의 국제 면을 읽거나, 다른 문화권의 사람들을 접하거나, 직접 외국을 나가 보는 등의 경험을 해 보았고, 이런 경험을 통해 자신의 삶의 방식이 유일한 삶의 방식이 아니라는 사실을 의식하게 되었지요.

어디에서, 어떻게 살지 선택할 수 있으면 삶의 방관자에서 삶의 운전자로 확실히 이동할 수 있습니다. 그렇게 되면 현 상황을 그대로 받아들이려 하지 않습니다. 자신에게 더 많은 선택이 가능하다는 것을 알기 때문이지요. 삶에는 당장 눈앞의 환경보다 더 많은 환경이 있다는 것을 알게 된 아이는 자신이 어떤 사람이 될 수 있고, 무엇을 성취할 수 있을지 마음껏 상상력을 펼칠 수 있습니다.

이 책을 쓰기 위한 조사 과정에서 '미래의 성공을 일구는 데 밑거름이 되어 준 유년기의 영향'을 주제로 방송한 여러 편의 팟캐스트 에피소드를 통해 20명의 기업가, 경영주, 창작자를 인터뷰했습니다(해당 에피소드는 다음에서 확인 가능함. podcast.clevertykes.com). 인터뷰에서 들은 이야기는 흥미진진했지요. 저녁 식사 자리에서의 대화, 어린 시절에 느낀 일의 수반 요소에 대한 인상뿐만 아니라, 지금까지도 잊히지 않는 부모님의 특정 말들이 유년기에 영향을 주었다고 합니다.

더 많은 게스트를 초대해 인터뷰를 하면서, 몇몇 비슷한 경향에 주목하였습니다. 한 예로, 다수의 게스트가 열 살이 되기 전까지 수차례 이사나 전학을 다녔다고 합니다. 그래서 어쩔 수 없이 새로운 도시나 학교나 친구들에게 적응해야 했고, 저마다의 방식대로 적응을 해냈지요. 대부분의 게스트에게 나타난 공통점도 있었습니다. 게스트의 대다수가 다음과 같은 식으로, 어떤 형태로든 국제적 경험을 해 보았답니다.

- 다른 나라 출신의 이웃이 있어서 그 이웃의 조국에 대해 이런저런 이야기를 나눠 봤다.
- 전 세계에서 일어나는 사건에 대한 신문 기사를 읽었다.
- 다른 곳에서 살아 본 부모나 친척이 있어서 다른 문화를 경험해 본 일이 있다.
- 업무상 여행을 많이 다니는 지인이나 가족이 있었다.
- 모든 게스트가 그런 혜택을 누린 건 아니었지만, 휴일에 보호자를 따라 세계의 여러 곳에 다녀 봤다.
- 다른 언어를 쓰는 학교 친구들과 어울리면서 그 언어를 익혔다.

다시 말하자면, 이 사람들은 어릴 때부터 자신이 모르는 곳에 탐험해 볼 거대한 세계가 펼쳐져 있다는 사실을 깨달았다는 얘기입니다. 그 덕분에 자신이 사는 동네나 마을이나 도시를 넘어서는 더 큰 생각을 품게 되었지요. 세상을 다양한 관점으로 바라보며 여러 가능성에 눈뜨게 되었습니다. 아이를 기업가형 인재로 키우기 위해서는 이런 기량을 길러 주는 것이 유용합니다.

언어를 배우면 세상이 더 작게 보일 수도 있습니다. 이제는 더 많은 사람과 소통할 수 있기 때문이지요. 또한 언어를 배우는 것은 공감력을 키우는 데도 도움이 됩니다. 어떤 사람과 그 사람의 모국어로 얘기해 보면, 그 사람이 영어로 말하기가 얼마나 힘들지 이해할 수 있습니다.

여러 연구 결과가 시사해 주고 있듯이, 언어 학습은 경청력, 관찰력, 문제 해결력, 비판적 사고력을 키워 주기 때문에 다른 언어를 배우는 아이는 표준화 시험의 성적이 더 좋은 편입니다. 이런 기량은 두루두루 쓸모가 있어서 평생 개인 생활이나 직업 생활 양면에서 유용하게 쓰입니다.[42]

_____ **아이와 함께 실전 연습** ⎇

☐ 아이와 함께 배울 언어를 같이 정한다. 선택할 때는 가까이 지내는 사람들, 영어가 모국어가 아닌 친척, 아니면 곧 여행하기로 한 여행지를 기준으로 삼길 권한다. 그러면 연습해 볼 상대나 이유가 생기게 된다.

☐ 포스트잇에 집 주변의 물건을 뜻하는 번역어를 써서 붙여 놓으면서 명사를 익힌다.

☐ 좋아하는 영화를 다른 언어 자막이나 더빙으로 본다. 대부분의 DVD나 온라인 시리즈에는 이런 옵션이 제공된다.

☐ 듀오링고(Duolingo) 같은 앱을 활용해 같이 외국어를 배우고, 서로 테스트도 해 보며, 진전도도 평가해 본다.

☐ 원 서드 스토리(One Third Stories)를 추천한다. 한 언어로 시작해서 다른 언어로 끝나도록 구성된 이야기책 시리즈로, 이 시리즈의 책은 이야기 속 단어가 조금씩 다른 언어로 바뀌면서 마지막 부분에 가면 전체 내용이 그 언어로 번역된다.

마윈

Jack Ma

알리바바의 창업주

순자산 추산치가 482억 달러에 이르는, 세계 최고의 갑부 중 한 명[43]

중국 남동부 지역인 항저우에서 태어난 마윈은 어릴 때부터 영어와 관련된 지식을 열심히 수집하면서 영어로 더 유창하게 의사소통을 하기 위해 전력을 다했다. 그러던 중 1972년에 닉슨 대통령이 항저우를 방문한 뒤로 마윈의 고향 항저우가 관광 명소로 떠오르자, 이 기회를 최대한 살려 보기로 마음먹었다.

당시 10대이던 마윈은 아침 일찍 일어나 항저우의 대표 호텔로 찾아가기 시작했다. 9년 동안 27킬로미터 거리의 그 호텔까지 자전거를 타고 가서 관광객들에게 항저우를 무료로 가이드해 주며 영어를 연습했다. 한 관광객과는 펜팔을 주고받는 사이가 되었는데, 그 사람은 마윈의 진짜 이름을 부르지 않고 '잭'이라는 별명을 붙여 불렀다. 마윈은 대학교에 가고 싶어서 대학교 입시에 응시했지만 번번이 낙방하다 삼수 끝에야 항저우 사범대에 들어가 영어를 전공했다.

1988년에 졸업한 후에는 여러 일자리에 지원서를 냈지만, KFC를 비롯해 12곳 이상에서 퇴짜를 맞고 나서야 영어 교사로 채용되었다. 2016년에 세계경제포럼에서 본인이 직접 밝혔듯, 하버드대 입학에서도 퇴짜를 맞은 적이 있었다. 무려 10번이나 거부당했다고 한다.[44] 모든 곳에서 거절을 당했지만 스스로의 길을 개척한 마윈은 1999년에 알리바바를 설립해 세계 최고의 갑부 중 한 명이 되었다.

· 내 아이를 위한 1퍼센트의 비밀 _____

1990년에 잉글랜드 슈롭서에 있는 콩코드대에 다녔는데, 전 세계 각지에서 모여든 200여 명의 재학생 가운데, 나는 4명의 영국인 중 한 명이었다. 그런 환경 덕분에 법과 대학에 진학할 때쯤 일본어도 할 줄 알게 되었고, 그 이후에는 일본에 가서 홈스테이 가정에서 1년을 머물기도 했다. 고국에서 먼 나라로 떠나 적응하며 잘 지내기 위해 노력해 본 경험이 있으면, 사장이 되어 다른 사람들의 필요성을 재빨리 헤아리고 익숙하지 않은 일상 경험에 빠르게 친숙해지는 요령을 파악하는 데 많은 도움이 된다. 한마디로, 안전지대 밖으로 나와도 편안해질 줄 알아야 한다! 나는 일본에 있으면서 처음 사업을 시작했고, 그 후로도 기업가의 길을 꾸준히 걸어왔다.

엠마 존스 MBE(Emma Jones MBE), 엔터프라이즈 네이션(Enterprise Nation)

나는 구소련(현재의 그루지아 공화국 트빌리시)에서 태어나 공산주의 정권 치하에서 성장했다. 어릴 때 아버지는 나에게 (당시엔 불법이었던) 미국의 케이블 채널 C-SPAN을 보면서 영어를 배우게 도와주었는데, 그렇게 배운 영어 덕분에 나중에 미국으로 이주했을 때 많은 도움이 되었다. 또 부모님은 앤드류 카네기(Andrew Carnegie) 같은 이민자 출신의 재계 거물들에 대한 책을 꾸준히 읽게 하였다. 그렇게 자라서인지 불가능한 것은 없다는 마음으로 실패도 극복 가능한 장애물로 여기고 있다.

조지 애리슨(George Arison), 시프트(Shift)

언어학자인 나는 아이들에게 스페인어와 이탈리아어도 가르쳤다. 여러 언어를 할 줄 알면 어느 기업가에게나 중요한 역할인 경영 실무에 아주 유용하다. 또한 언어는 아이들이 어떤 분야를 선택하든 도움이 될 것이다.

캐린 안토니니(Caryn Antonini), 얼리 링고(Early Lingo, Inc)

내 삶에서 언어 학습은 큰 부분을 차지한다. 예전부터 줄곧 단어에 흥미를 가졌고, 서너 살 때 단어 사이의 연관성을 찾아내려 했던 기억이 아직도 생생하다. 휴일이면 부모님은 나에게 작은 임무를 맡기며 그 일을 해내기 위해 필요한 말을 가르쳐 주었다. 프랑스의 캠프장에서 빵을 사 오라며 "Une baguette, s'il vous plaît(바게트 하나 주세요)"를 가르쳐 주는 식이었다. 이런 교육 덕분에 언어 능력이 있으면 무슨 일이든 다 이룰 수 있고, 적절한 정보를 갖추면 새로운 환경에 잘 적응할 수 있다는 것을 깨달았다.

새빈 하나우(Sabine Harnau), 프롬 스크래치 커뮤니케이션즈(From Scratch Communications)

직접 만들 수 있는
기회 주기

팟캐스트 방송을 위해 인터뷰를 나누며 흥미를 느꼈던 조던 데이킨(Jordan Daykin)의 얘기를 할까 합니다. 조던은 겨우 열세 살이던 2008년에 할아버지와 함께 회사를 세운 뒤로, 현재 순자산 규모가 1,800만 파운드가 넘는 회사로 성장시켰습니다. 아홉 살 때 부모님이 이혼했고, 아버지가 일을 하기 위해 시에라리온으로 떠나는 바람에 할아버지 집에서 살게 되었지요.

기술자였던 조던의 할아버지는 어느 날, 조던과 함께 차고를 침실로 개조하여 조던의 방으로 만들기로 했지요. 그런데 조던이 암막 블라인드와 커튼 걸이를 다는 작업을 하다가 부속물과 드릴 날을 몇 개나 부러뜨렸습니다. 두 사람은 가까운 철물점에 가서 해결책을 찾아

봤지만 헛수고였지요. 해결책을 찾지 못하자 직접 만들기로 했습니다. 그렇게 그립잇(GripIt)이라는 벽 고정용 부속 발명품이 탄생했고, 나중엔 텔레비전도 벽에 거뜬히 걸 정도로 개선되었지요. 특허를 얻어 32개국으로 팔려 나가기까지 했습니다.

조던은 어린 시절 내내 할아버지가 일하면서 물건을 이렇게 저렇게 만지는 모습을 보며 자랐다고 합니다. 조던의 할아버지는 언제나 물건을 분해했다가 다시 조립하면서 물건의 작동 방식에 아주 흥미를 가졌지요.

모든 사제 발명품이 상업적으로 세계적인 성공을 거두는 건 아니지만, 어떻게 될지는 모르는 일입니다. 사제품을 만들어 보는 시도를 할 때는 대체로 다음이 가장 중요한 학습 포인트가 됩니다.

· 투입이 직접적인 결과로 이어지는 것을 직접 눈으로 확인한다. 빵 만들기든, 예술 작품이나 물건 만들기든 여러 재료와 원료가 조합되어 원료 단독의 기능보다 더 큰 기능을 하는 무엇인가가 되는 결과를 확인해 봐라.

· 실험 삼아 물건을 이렇게 저렇게 해 보면서 일어나는 일을 직접 확인해 본다. 사물이 어떻게 작동하고, 어떻게 작동하지 않는지를 학습하면 시냅스의 활동이 활발해져 이해력과 암기력이 더 좋아진다.

· 위험 부담 없이 시도를 해 본다. 하다 보면 수많은 이들을 위해 세상을 바꿀 만한 발명을 우연히 해낼 수도 있고, 그저 괜찮아 보이는 무엇인

가를 만들어 낼 수도 있다. 결과가 어느 쪽이 되든 그저 놀이처럼 즐기며 부담 없이 해 봐라.

────────────────────────────── **아이와 함께 실전 연습**

아이와 다음과 같이 실행해 보길 권한다.

☐ 레고나 듀플로 블록같이 정답이 정해져 있지 않은 장난감과 게임을 사용한다. 핵심은 실험과 창의성임을 명심해라.
☐ 조각 그림 맞추기나 퍼즐같이 맞는 답이 정해져 있지 않고 창의성과 끈기가 필요한 장난감과 놀이를 활용한다.
☐ 일상에서 쓰는 물건을 활용해 "다르게 해 볼 방법은 없을까?"라고 질문해 본다.
☐ 원료에 대해 설명할 때 무엇을 만드는 재료인지 못 박아 말해 주지 않는다.

·내 아이를 위한 1퍼센트의 비밀 _____

우리 아버지는 무엇이든 잘 만들고, 잘 구상하고, 잘 고쳤다. 그 과정에 나를 꼭 참여시켜 단계별로 차근차근 가르쳐 주었다. 그래서 나는 그 과정을 이해했을 뿐만 아니라 혼자서도 할 줄 알게 되었다. 덕분에 지금까지도 위험을 감수할 용기를 내고 어떤 일의 과정이나 절차를 이해하는 방면에서 자질이 잘 갖추어져 기업가의 길을 걷는 데 도움이 된다.

커스튼 포텐자(Kirsten Potenza), 파운드 록아웃 워크아웃(POUND Rockout Workout)

우리 집에서는 실제로 만들어 보는 것을 중요시한다. 우리는 아홉 살인 딸아이가 아이디어를 구현할 수 있게 박스 종이와 다른 재료들을 모아 놓는다. 이렇게 해 주면 딸아이는 '이걸로 무엇을 어떻게 해 볼 수 있을까?'라는 의문을 품는다. 아이가 스스로 문제를 해결하게 놔두면 아이는 모든 걸 다 알아야 한다는 압박을 받지 않으면서도 탐구, 초심 기르기, 호기심의 가치를 배우고 끈기도 기른다. 딸아이는 솜 인형 동물의 집을 사는 대신 직접 만든다. 변장놀이용 옷도 사지 않고 직접 만든다. 딸은 그렇게 해 보면서 창작 과정을 생각하는 능력을 기를 뿐 아니라, 무엇을 만들다 실패해도 다시 한번 해 보며 매 실패마다 더 많은 답을 얻는다. 아이가 "엄마, 나 너무 심심해"라는 말에 나는 보통 이렇게 대꾸한다. "좋아, 그럼 즐겨! 심심해지면 그때가 창의성을 발휘해 볼 때니…"

모니크 푸흐스(Monique Fuchs), 액셀러레이트 센터(Accelerate Center)

한때는 불안감에 시달리던 소심한 소녀였던 내가 자신감에 찬 변호사가 되고, 또 뒤이어 기업가로 변신하게 된 것은 상당 부분 부모님에게 배운 교훈 덕분이다.

초등학생 때, 입체 모형 만들기 과제를 받은 적이 있다. 그때 화방에서 만들어진 입체 모형 세트를 보고 바로 마음이 혹했다. 그 세트를 집으려고 할 때 어머니가 "안 돼! 그걸로 만들면 꾀부리는 거야"라며 말렸다. 그러고는 화방의 다른 쪽으로 데려가 기초적인 재료로 건물의 각 부분을 만들 방법을 궁리해 보게 했다. 몇 주 동안 벽, 종, 나무를 비롯해 모든 걸 하나하나 만들고 나서 결과물을 보니 자부심이 들었다. 그런데 학교에서 입체 모형을 공개하는 날에는 좀 창피했다. 다른 친구들의 것과 다르게 내 모형의 들쭉날쭉한 벽과 완벽하지 못한 모양의 종이 두드러져 보였다. 하지만 선생님은 내 모형을 살펴보면서 감탄을 터뜨렸다. 선생님은 나에게 "창의성이 대단하구나! 어쩜 이렇게 작은 부분까지 신경 썼을까? 선생님이 보고 싶었던 게 이런 거야"라고 말해 주었다. 그 이후로 나는 아무것도 없이 맨손으로 시작하길 두려워하지 않았다.

브리태니 메릴 영(Brittany Merrill Yeng), 스크루볼 피넛 버터 위스키(Skrewball Peanut Butter Whiskey)

설득 잘하는
아이로
키우는 법

2011년의 일이었습니다. 그때 저는 SNS 관리 대행업을 막 시작하면서 고객이 될 수도 있는 사람과 첫 만남을 앞두고 있었습니다. 그래서 자동차 딜러로 오랜 커리어를 쌓아 온 아버지에게 영업에 대한 조언을 부탁했지요. 아버지가 해 준 조언은 다음의 세 가지였습니다.

1. '지식'이 자신감을 불어넣어 준다.
2. '자신감'이 열정을 불어넣어 준다.
3. '열정'이 차를 팔아 준다.

제가 파는 것이 차가 아닌, SNS 관리 서비스라는 점은 중요치 않았습니다. 그 조언의 취지는 제 경우에도 여전히 해당되었지요. 저는 경험 부족의 단점을 지식으로 채우기로 마음먹고, 곧 찾아가야 할 회사를 철저히 조사했습니다. 온라인 검색으로 그 회사와 관련된 정보를 모조리 읽고, 링크드인에서 회사 팀원들을 찾아보며, 회사의 목표와 비전을 파악했습니다. 조사를 하다 보니, 회사를 위해 제가 해 줄 수 있는 일에 아주 많은 아이디어를 얻었지요. SNS상 문구의 아이디어, 트위터를 통해 회사에 대한 환심을 끌 수 있는 대상, 회사를 위해 만들 수 있는 콘텐츠 유형 등이 불쑥불쑥 떠올랐습니다.

물어보고 싶은 질문, 창업자들의 예전 역할에 대해 읽은 내용을 바탕으로 꺼낼 만한 화두거리를 목록으로 정리하기도 했습니다. 그러자 어느새 마음의 준비가 되었다는 느낌이 들면서 그 만남이 기대가 되었지요.

어서 빨리 가서 창업자들을 만나 제 아이디어를 알리고 싶었습니다. 드디어 첫 만남의 날이 왔고, 저는 제가 파악하고 생각한 대로 회사의 가치를 높이기 위해 해 줄 수 있는 일을 자신 있게 설명해 나갔지요. 지식이 자신감을 불어넣어 주었고, 자신감이 열정을 불어넣어 주었기 때문에 제가 그런 일을 해 본 경험이 없다는 사실은 중요치 않았습니다. 창업자들은 제 설명에 공감하며 제안한 아이디어를 기꺼이 실행할 의사가 있다고 밝혔습니다. 첫 고객을 얻은 것이었지요. 지금까지도 그 창업자들은 자신들이 제 첫 고객이고, 그 자리가 잠재 고객 확보를 위한 고객과 저의 첫 만남이라는 사실을 모릅니다.

첫 고객을 얻은 후 경험을 얻었고, '지식, 자신감, 열정'의 연쇄 과정이 맞았다는 확신도 생겼습니다. 그렇게 경험을 얻자 뒤따라서 매출도 두 번째, 세 번째, 네 번째로 계속 꼬리를 물고 이어졌지요.

텔레비전 드라마와 영화에서 그려지는 영업직 사람들이나 스톡 이미지(용도에 맞게 널리 쓰일 수 있도록 판매하거나 제공되는 이미지-옮긴이) 사이트에 'salesperson'을 치면 순진한 사람들이 별로 좋지 않은 물건을 사게 만드는 말재간 좋은 모습으로 묘사되는 경우가 많습니다. 하지만 현실에서는 그렇지 않습니다.

가장 단순화해서 말하자면, 영업이란 어떤 사람의 필요성을 파악해 해결책을 제시해 줄 수 있느냐의 문제입니다. 제시한 해결책이 적절하려면 판매자는 구매자의 필요성을 파악해야 합니다. 구매자가 그 상품을 사려면, 판매자는 자신의 해결책이 구매자가 선택할 만한 해결책이라는 점을 충분히 증명해 보여야 합니다.

생각해 보면, 아버지는 장난스러운 방법으로 나에게 설득 기술을 가르쳐 주었습니다. "네 방을 좀 치우고 싶지 않니?"라고 물으면서 고개를 마구 끄덕여, 뭐라고 답해야 맞는지 넌지시 비치는 식이었지요. 아버지식 표현대로 이중 긍정 의문문이라는 것도 장난스럽게 가르쳐 주었습니다. "방을 치우고 싶어, 아니면 언니 방에 청소기를 돌리고 싶어?"라면서 말입니다. 둘 다 싫다는 세 번째 선택지는 쏙 빼고 그렇게 물으면 청소를 할 수밖에 없었지요.

다음은 아이에게 공감력과 설득력을 키워 주면서 사업의 자질을 갖추어 주기에 좋은 몇 가지 아이디어다.

1) 공감력
다른 사람의 관점에서 바라보는 연습을 시킨다. 이때 다른 사람은 일상생활에서 만나는 사람들, 친구, 형제도 괜찮고 텔레비전 드라마나 책 속의 인물도 괜찮다.

☐ 이 이야기에서 이 사람의 입장은 어떨까?
☐ 이 사람이 그렇게 한 이유가 무엇일 것 같아?
☐ 이 사람이 원하는 건 무엇일까?
☐ A라는 사람은 왜 그런 말을 했을까?
☐ B라는 사람은 왜 그런 식으로 대답했을까?

2) 설득력
어떤 일을 다른 사람에게 좋은 기회로 제시해, 상대가 받아들일 가능성이 더 높을 만한 요구를 해 본다. 어떤 사람에게 무엇인가를 요구할 때는 '그 사람에게 무슨 이득이 있을까?'를 생각해 본다. 다음과 같이 다른 사람과 일상적인 교류에서 이런 연습을 해 보면 좋다.

☐ 어디까지 차를 태워 달라고 부탁할 때('내려 주고 돌아오는 길에 …에 들를 수도 있잖아')
☐ 무엇인가를 빌려 달라고 부탁할 때('빌리기 전보다 더 깨끗하게 닦아서 돌려줄게')
☐ 무엇인가를 부탁할 때('내가 보답으로 다음 주에 …를 해 줄게')

· 내 아이를 위한 1퍼센트의 비밀

오랜 세월이 지나서야 깨달았지만, 부모님은 내 안에 기업가의 씨를 심어 주고 있었다. 어렸을 때 뉴저지주에 있는 할아버지, 할머니 집의 동네에서 자전거를 타고 돌아다녔던 일과, 어머니에게 어머니의 어린 시절에 할아버지가 사탕 가게를 했다는 얘길 들었던 기억이 난다. 나는 그 이야기를 듣고 집 거실에 내 사탕 가게를 차렸다. 스키틀즈 레인보우 사탕을 색깔별로 나누어 놓고 컵에 담아서 한 컵당 5센트에 파는 식이었다. (유일한 손님이었던) 부모님과 할아버지, 할머니는 터무니없는 판매가나 가격 인상에 한 번도 불만을 달지 않으며 내 가게를 이용해 주었다. 내 아이디어를 칭찬해 주고 풋내기 기업가가 되어 보게 응원해 준, 오래전 심어진 그 작은 씨앗에 감사할 따름이다.

샤넌 심슨 존스(Shannon Simpson Jones), 버브(Verb)

(ADHD가 있었던) 나는 학교나 집에서 잘못하면 용돈을 받지 못해 내가 돈을 벌어 써야 했다. 일고여덟 살 때는 세차와 잔디 깎기 아르바이트를 했다. 열 살 때쯤엔 파산한 회사 주식을 사서 집집마다 다니며 팔아서 500파운드의 이익을 낸 적도 있다. 열두 살 때는 학교에서 여러 노래를 녹음한 믹스 테이프를 팔아 내 첫 DJ 데크를 샀다. 휴일마다 아침에 리즈 유나이티드(영국의 프로 축구 클럽) 구장에 갔다 와서 무료 광고 신문에 사인 받은 셔츠를 경매로 팔기도 했다. 사실 내 가족 중에는 예전에도 지금도 사업주가 없어서, 내가 기업가 기질을 키우도록 누가 자극을 주었는지는 확실히 모르겠다.

대니 새비지(Danny Savage), dannysavage.com

나는 일찌감치부터 물건 파는 요령을 배웠다. 부모님은 내가 어릴 때부터 벼룩시장에 내보냈다. 나는 우리 집 지하실에서 찾은 물건이든, 오래된 장난감이든, 기기든 이제는 필요하지 않거나 싫증 난 것을 무엇이든 가져다 팔았다. 그래서 자주 무엇인가를 팔며, 물건을 살 사람들과 흥정을 벌였다. 내가 처음 벼룩시장에 갔을 때의 나이는 많아 봐야 일곱 살이었을 것이다. 그 뒤에도 수년 동안 몇 번 더 갔는데 돈이 필요해서가 아니라, 물건을 파는 요령을 익혀 두는 것도 중요할 것 같아서 간 것이었다.

크리스 에르하르트(Chris Erhardt), 튠들리(Tunedly)

2장 · 상위 1퍼센트 자녀로 키우는 기술

협상과 논쟁의
차이를 아는
아이

협상과 논쟁은 서로 다릅니다. 논쟁은 보통 상반되는 의견이나 신념을 문제로 삼고, 승자와 패자가 있습니다. 협상은 상충하는 목표나 이익과 관련되지만, 양 당사자가 두루두루 가장 좋은 결과에 이르기 위해 타협하는 방식으로 해결책에 이를 수 있습니다. 협상에서는 잘만 되면 승자와 패자가 없습니다. 승자만 있을 뿐이지요. 협상에서는 각 당사자가 마음을 열고 기꺼이 해결책을 위해 노력하는 한, 제로섬 게임을 벌일 필요가 없습니다.

경우에 따라 가장 좋은 협상 방법은 협상을 아예 피하는 것일 때도 있습니다. 기시미 이치로(Kishimi Ichiro)의 《미움받을 용기》[45]에는 아들러 심리학을 토대로 일을 분리하는 대목이 나옵니다. 이 대목의 전제는 '너는 네 할 일에 집중하고 나는 내 할 일에 집중한다'라는 것입니다. 누군가가 가진 신념이나 의견은 그 사람이 신경 쓸 일이며, 당신에게 직접적인 영향이 미치지 않는 한 당신이 신경 쓸 필요가 없다는 얘기이지요. 그러니 논쟁이 있을 때, 아이에게 가장 먼저 이렇게 물어보는 것이 좋습니다.

"이 문제로 꼭 논쟁을 벌여야 할까? 서로 의견이 다르다는 것에 동의하고 서로가 각자 자신의 일에 집중하면 안 될까?"

집이나 학교 내에서 생활하다 보면, 때때로 협상이 불가피합니다. 이때 원만하게 협상하려면, 각 당사자가 상대방이 원하는 것과 필요로 하는 것이 무엇인지 이해해서 둘 다 수용하고 타협할 만한 해결책을 제시해야 합니다.

―――――――――――――――――――― 아이와 함께 실전 연습 ⚲

협상에는 다음의 세 가지 요소가 필요한데, 아이와 일상적인 상황에서 연습하면서 모델을 세워 볼 수 있다.

1) 협상 중일 때는 귀 기울여 확실히 들어 주기
당신이 아이와 협상 중일 때나 아이가 형제와 협상 중일 때 중요하다. 물론 협상 중이 아닐 때도 중요하다. 부모가 협상 기술을 배우면서 모범을 보여 주어라. 로저 피셔(Roger Fisher)와 윌리엄 유리(William Ury) 공저의 《Yes를 이끌어 내는 협상법(Getting to Yes: Negotiating agreement without giving in)》을 추천한다.[46]

2) 문제 해결: 협상의 기준 세우기

'협상 불가' 사항을 구분해 놓고 협상의 우선순위 목록을 만들어라. 아이가 더 넓게 생각해 보도록 "그거 말고 다른 제안은 없을까?", "여기에서 너에게 정말로 중요한 건 무엇인데?"라고 물어보며 자극해 준다. 아이에게도 그런 질문을 해 보도록 격려해 주어라.

3) 말을 실질적이고 간결하게 하면서 적대감 없이 주장 펴기

두 그룹으로 나눠서 자기 그룹의 필요성을 근거로 삼아 오렌지를 가지려 협상을 벌이는 '오렌지 게임'을 하면서 상대 그룹의 필요성을 이해해 보아라.[47] 타임아웃의 연습도 권한다. 협상이 과열되면 "타임아웃이 필요해!"라고 말하고 5분 동안 생각을 가다듬으며 평정을 되찾는 시간을 가지는 게 좋다.

또한 노점 판매와 트렁크 세일(필요 없는 물건들을 차 트렁크에 놓고 파는 일-옮긴이)은 안전한 환경에서 협상 기술을 연마하기에 좋다.

개리 베이너척
Gary Vaynerchuk

베이너미디어(VaynerMedia)와 베이너X(VaynerX)의 창업자

가족의 와인 사업을 몇 년 사이에 300만 달러에서
6,000만 달러 가치의 사업으로 변모시킴.

베이너척은 세 살까지 벨로루시의 바브루이스크에서 살다 가족과 함께 미국으로 이주했다. 그는 라이브 방송 중 질문하고 답하기 시간에 어머니의 양육 방식에 대해 "아홉 살 때 맥도날드에서 나이 많은 할머니를 위해 문을 열어 주었을 때 어머니는 제가 노벨 평화상을 받을 만큼 대단한 일이라도 한 것처럼 기특해했어요. 아주 똑똑한 양육 방식이었죠. 제가 인간적으로 행동할 때에는 과장되게 칭찬하고 반응해 주면서, 성적같이 중요하지 않은 문제는 알아서 하게 맡기기도 했어요. (중략) 어머니는 제 안에 큰 자부심을 키워 주었고 지금의 제가 있는 가장 큰 근원은, 저를 잘 키워 준 어머니에 대한 큰 죄책감과 감사함 덕분에 다른 이들을 위한 일을 하고 싶은 마음이 생기는 것이라고 생각합니다"[48]라고 이야기했다. 그리고 이렇게 덧붙였다.

"어머니는 그 누구보다 나 자신을 믿는 방법을 가르쳐 주면서도 그와 동시에 여전히 다른 사람들의 가치를 인정할 수 있게 해 주었어요. (중략) (학교같이) 저에게 그다지 중요하지 않다고 생각했던 부분은 대수로워하지 않으면서도 그와 동시에 제가 그런 부분을 존중하도록 가르치기도 했어요. (그러니까 학교에서 제멋대로 굴거나 선생님을 욕하지 못하게 하는 식이었죠) (중략) 어머니는 자유, 지지, 인정이 더할 나위 없이 조화를 이룬 양육을 베풀어 주었어요. 그리고 다른 무엇보다도 제 장점을 알아봐 주며 제가 그 장점을 발휘하게 격려해 주었죠"[49]

· 내 아이를 위한 1퍼센트의 비밀 _____

    나는 아이들에게, 특히 마진을 높게 매기는 소매점에서 물건을 살 때는 가격을 흥정하라고 가르치며 정가를 다 지불하지 않는 요령을 가르쳐 왔다. 우리 아이들은 매장을 이곳저곳 돌며 협상하는 것이 중요하다는 점도 잘 안다. 그중에서도 케이블 방송 계약, 휴대폰 계약을 비롯해 IT 기기, 전자 제품, 신발 등등 자신이 관심 있어 하는 상품과 관련해서는 특히 잘 안다.

재키 레드노 브룩만(Jackie Rednour-Bruckman), 마이워크드라이브(MyWorkDrive)

    내가 자랄 때 부모님과 조부모님은 우리 형제들을 벼룩시장에 데리고 다녔다. 할아버지는 어쩌다 한 번씩 드물게 우리 형제 중 한 명에게 무엇을 사 주었는데, 그렇게 물건을 사 줄 때는 부모님과 합의를 봤다. 내가 필요 이상으로 가격이 조금이라도 비싼 물건을 갖고 싶어 하면, 내가 직접 판매자와 흥정을 해서 할아버지가 준 돈으로 직접 사야 한다는 식의 합의였다. 그런 경험으로 나는 두 가지 교훈을 배웠다. 첫 번째는 무엇인가 원하는 게 있으면 직접 나서서 주장을 펴야 한다는 것이고, 두 번째는 경우에 따라 협상이 가능한 일이 있고 협상은 인간 사이의 상호 교류에서 그렇게 나쁜 방식이 아니라는 것이다. 특히 두 번째는 기업가인 나에게 그동안 아주 귀중한 교훈이 되어 주었다. 나는 협상에서 흔히 일어나는 갈등을 개인적으로 싫어하기 때문이다. 하지만 어린 시절에 벼룩시장에서 장난감이나 책을 사기 위해 어른들과 협상하는 기술을 훈련한 덕분에, 나는 내가 만나는 사람들보다 협상에 훨씬 더 편하게 임한다.

크레이 크너(Kreigh Knerr), 크너 러닝 센터(Knerr Learning Center)

아버지는 부탁 좀 한다고 해서 큰일이 나진 않는다고 가르쳤다. 가장 나쁜 경우여야 거절의 말을 듣는 것이라면서…. 나는 노점상에게 가격을 깎아 달라거나, 어떤 상품이나 서비스의 작동 방식을 알려 달라고 부탁할 때마다 이 가르침을 떠올린다. 좋은 질문을 하면 다른 사람들에게 호감을 살 수도 있다. 아버지는 나를 존중해 주며 어린 나이일 때도 내 의견을 물었다. 내가 답을 몰라도 바보처럼 느껴지게 대하지 않았다. 오히려 아버지가 나를 전략 파트너로 대해 준다는 느낌을 받았고, 더 열심히 노력하게 되었다.

설리 탠(Shirley Tan), 포스처키퍼(PostureKeeper)

발표는
아이를 어떻게
변화시킬까

아이에게는 무엇인가 원하고 필요한 것이 일시적인 변덕일 때가 있습니다. 아이에게 피칭을 해 보게 하면, 자신이 그걸 진짜로 원하는지 곰곰이 생각해 보게 유도할 뿐 아니라 훗날의 삶과 커리어에서 귀중하게 쓰일 기량도 배울 수 있습니다.

아이에게 피칭의 개념을 이해시켜 주면, 피칭을 잘할 만한 토대가 만들어집니다. 피칭을 하는 이유는 자신에게 득이 될 만한 어떤 행동이나 결정을 끌어내고 싶어서라고 알려 줍니다. 그리고 피칭의 목적은 그런 행동이나 결정을 택하는 것이 피칭을 하는 당사자 외에도 더 많은 이들에게 최상의 이익이라는 결론에 이르도록 그 자리의 모든 사람들을 설득하는 것임을 이야기해 줍니다.

무엇보다 완벽한 피칭이 되려면 다음의 요소가 갖추어져야 합니다.

1. 요구하는 바를 간략히 제시한다.

2. 해결해야 할 문제의 요점을 밝힌다.

3. 당신이 제시하는 해결책이 왜 적절한지를 밝힌다(찬성 논리 다루기).

4. 이의와 반대 의견들도 고려한다(반대 논리나 주관적 반대 논리 다루기).

5. 듣는 사람들에게 질문을 받고 답할 시간을 준다.

6. 최종 결정이 내려지기 전에 결론을 제시한다.

_____ 아이와 함께 실전 연습 🪝

위에서 소개한 요소를 활용해 피칭 준비를 연습하는 방법을 참고하자.

☐ 피칭을 서류 형식으로 만들어 볼 수 있도록 출력물이나 파워포인트 슬라이드 등을 활용하게 해 준다. 옆에서 제목 붙이는 일을 도와주면서 각 제목마다 어떤 내용을 넣으면 좋을지도 지도해 주어라.

☐ 진지하게 임한다. 피칭 시간을 정해 놓고 주의를 산만하게 하는 기기는 끄고 집중해서 들어 주어라. 사람들 앞에서 말하는 기량이 길러지고 수줍음을 극복하는 데 도움이 된다.

☐ 한 번 이상 반복해서 연습시키며 아이가 성공과 실패를 두루 겪어 보게 한다.

☐ 피칭을 놀이로 삼는다. 반려동물 기르기, 저녁 메뉴 고르기, 새로운 취미 활동 시작하기 등을 피칭거리로 삼게 한다.

·내 아이를 위한 1퍼센트의 비밀 _____

나는 열다섯 살 때 인터넷 제휴 마케팅을 해 보고 싶었다. 웹 사이트를 열고 운영하기 위한 종잣돈으로 600달러 정도가 필요했지만, 나에겐 그만한 돈이 없었다. 그래서 부모님 앞에서 피칭을 해서 내가 하려는 일, 그 일이 성공할 거라고 생각하는 이유, 그 일로 돈을 벌 방법을 설명했다. 대다수의 부모라면 무시했을 테지만, 우리 부모님은 나에게 돈을 빌려 주면서 실패하더라도 좋은 경험을 한 셈 치자고 했다.

그 투자금 600달러는 몇 년 지나지 않아 여섯 자리 금액의 판매고를 올리는 사업으로 성장해 지금의 회사 제이엠 불리언을 출범시킬 밑천이 되어 주었다.

마이클 위트마이어(Michael Wittmeyer), 제이엠 불리언(JM Bullion, Inc)

나의 두 딸은 모두 피칭의 재주가 있다. 기준에서 벗어나는 무엇인가를 원할 때는 철저한 정보와 피칭을 무기로 삼아 나에게 부탁하러 온다.

얼마 전에 딸이 비싼 가격대의 새 현미경을 갖고 싶어 여러 경쟁 브랜드의 가격 비교를 해서, 그 현미경이 있으면 자신에게 어떤 도움이 될지 얘기했다. 아이는 2년쯤 뒤에 어차피 더 성능 좋은 현미경이 필요할 테니 좋은 투자가 될 거라고도 덧붙였다. 아이의 피칭을 듣고 결국 나는 승낙해 주었고 딸은 더 좋은 현미경을 가졌다.

로라 헌터(Laura Hunter), 래쉬라이너(LashLiner LLC)

나는 건설 회사를 4대째 이어서 경영하고 있다. 어릴 때부터 아버지를 따라 작업 현장에 다니고, 저녁 식사 자리에서 사업 관련 토론을 했다. 그리고 아버지는 원하는 게 있으면 협상이나 피칭을 하게 했다. 어릴 때 내가 늦게까지 놀다 들어오는 일에서부터 봄 방학에 친구들과 여행을 가는 일에 이르기까지 온갖 일로 허락을 구하면 어김없이 "관련 정보를 모두 모아서 다시 와"라고 말했다. 그러면 나는 피칭을 준비해서 다시 허락을 구했고, 그 보답으로 설득을 얻어 내거나 공정한 협상을 했다.

지금 나는 내 아이들에게도 똑같이 가르치고 있다. 지난달에 열 살짜리 딸이 자기도 휴대폰을 갖게 해 달라고 말했을 때 나는 프레젠테이션을 해 보라고 했다. 어떤 내용을 담으면 좋을지 몇 가지 힌트도 주었다(휴대폰 가격이 얼마나 할까? 그 휴대폰 값을 어떻게 빌 거야? 휴대폰을 책임감 있게 쓰려면 어떻게 해야 할까? 등). 그 말에 딸은 자료 출처와 도표를 넣어 빈틈없이 꾸민 파일을 만들어 구글 드라이브에 올렸다. 모든 일에는 피칭이나 협상이 필요하다. 그래서 그런 기량을 내 아이들에게 전수해 주기 위해 열심히 노력 중이다.

팀 스피겔글라스(Tim Spiegelglass), 스피겔글라스 건설(Spiegelglass Construction Company)

배려하는
아이로 만드는
인성 교육

자신의 행동과 남의 행동을 평가할 때는 '귀인편향(歸因偏向)'이라는 편견에 빠지기 쉽습니다. [50] 즉, 남을 판단할 때는 그 사람의 행동이 성격 같은 내면적 요소의 결과라고 생각하는 반면, 자신의 행동은 외부적 환경의 필요에 따른 결과라고 생각하는 경향이 있다는 말입니다.

어떤 사람이 회의에 늦으면 당신은 그 사람을 게으르거나 배려심 없는 사람으로 치부할 수 있지만, 그 사람은 차가 막혔다거나 오는 길에 길을 물어보는 사람을 도와주느라 늦었다고 해명하기 마련입니다. 따라서 남의 행동을 이해하면서 그 사람을 나쁜 사람으로 판단하거나 분류하지 않는 것이 무엇보다 중요하지요.

학교에서는 인성 교육의 일환으로 배려의 자세를 가르칠 수 있습니다. '인성 교육'[51]에서는 아이들이 남을 괴롭히지 않으며 도덕적이고 예의 바르게 행동하도록 가르쳐야 합니다. 이런 인성 교육의 핵심은 남의 필요성을 배려해 주는 자세이며, 이런 자세는 미래의 기업가들에게 딱 맞는 자질이기도 합니다.

공감력도 하나의 기술입니다. 인간은 대체로 자신의 바람과 필요성을 우선으로 삼도록 프로그램되어 있습니다. 남의 필요성을 이해하는 기술은 기업가의 세계에서 굉장히 유용합니다. 대다수 사업은 고객의 필요성에 의존합니다. 고객의 필요성이 상품이나 서비스에 대한 수요에 이바지하기 때문이지요. 고객의 필요성을 이해하지 않고는 사업에서 성공하기 힘듭니다.

어떤 사람이 어떤 물건을 구매하거나 어떤 행동을 하는 동기 요인을 이해하면 거래를 성사시키거나, 상품을 설계하거나, 새로운 아이디어를 피칭하는 데 유리합니다. 어릴 때부터 동기 이해력을 연습시켜 제2의 천성으로 자리 잡게 하는 방법은 여러 가지가 있습니다.

───────────────────────────────── 아이와 함께 실전 연습 🧍

☐ 아이에게 공감력을 가르칠 만한 이야기를 들려준다. 남의 필요성을 배려해 주었던 사람들의 이야기를 해 주며 롤 모델로 삼게 하라.

☐ 책에 나온 인물들에 대해 같이 얘기해 본다. 그 인물들이 무엇을 좋아하고 싫어하는지, 또 겉으로 드러나 보이는 모습이 어떤지를 살펴보며 성격을 이해해 보아라. 이때는 주인공 말고 주변 인물 중에서 살펴보길 권한다.

□ 아이가 다른 사람이 한 행동에 짜증스러워하면 그 사람이 그렇게 행동한 이유를 이해하는 데 초점을 맞춰 준다.

□ 하루에 하나씩 칭찬을 해 준다. 칭찬을 해 주면서 아이도 적절한 순간에 다른 사람에게 칭찬을 하도록 북돋아 준다.

□ 아이가 다른 사람에게 영향을 미치는 행동을 하기 전에 "…가 어떤 기분이 들까?"라고 물어본다. 형제는 공감해 주기 가장 힘든 대상일 수 있기 때문에, 형제에 대해 그렇게 물어보면 좋다.

□ 사람에게 주목하는 연습을 시켜 준다. 지나가는 모든 사람들을 보며 "저 사람은 여기에서 무엇을 하는 걸까?", "저 사람에겐 무엇이 필요할까?"와 같이 물어본다.

□ 사람들을 같이 관찰해 본다. 시내의 공원 벤치나 앉을 만한 곳을 찾아서 지나가는 사람 중에 한 사람을 골라 그 사람의 이야기를 만들어 보아라. "저 사람은 무엇을 좋아할까?", "무엇에 행복해할까?", "해결하려고 노력 중인 문제는 무엇일까?", "네가 어떻게 도와줄 수 있을까?"와 같이 물어본다.

□ 손님을 위해 차나 커피를 준비하고 있다면 아이가 손님에게 그 음료가 기호에 맞는지 물어보게 해 주어라. 손님이 우유나 설탕의 양이 딱 적당하다고 할 때까지 아이가 계속 기호에 맞는지를 물어보게 해 보아라.

□ 그때그때 되는대로 친절을 베푸는 연습을 해 본다. 자연스러운 상황에서 어떤 사람에게, 어떤 친절을 베풀 수 있을지 아이와 함께 얘기해 보아라.

아만시오 오르테가
Amancio Ortega

자라(Zara)의 모기업 인디텍스(Inditex) 그룹의 창업자

현실적이기로 유명하며, 매스컴을 멀리해 좀처럼 인터뷰를 하지 않음.

오르테가는 내전이 발발한 초기에 주민 수가 100명도 안 되는 스페인의 작은 마을에서 태어났다. 4명의 형제 중 막내였다. 오르테가의 아버지는 지역의 철도역에서 일했고 가족은 노동자 거주 단지 내에서 살았다. 찢어지게 가난해서 오르테가의 기억에는 어머니가 동네의 여러 가게에 생필품을 외상으로 달라고 사정하던 모습이 남아 있다.

오르테가는 삶의 궤적을 바꿔 다르게 살아야겠다는 분발심이 생겨 열네 살 때 학교를 그만두고 가게 점원으로 들어가 일했다. 여기에서 손으로 옷을 만드는 기술을 배우면서 고객들이 원하는 대로 해 주기만 하면, 돈을 제법 벌겠다는 사실을 깨달았다.

1975년에 오르테가는 그 도시에 자신의 첫 매장을 열고, 그와 그의 첫 아내가 좋아하는 영화의 제목을 따서 상호를 '조르바(Zorba)'로 붙였다. 이후에 이 상호가 ZARA로 변경되었다. 자라에서 내세우는 가치는 오르테가가 첫 직장에서 배웠던 그 교훈과 딱 들어맞는다. 즉, 고객의 요구를 맞춰 주면서, 유행에 따라 최대한 빨리 옷을 내놓는 것을 가치로 삼고 있다.[52]

• 내 아이를 위한 1퍼센트의 비밀 _____

나는 매일 잠깐 시간을 내서 다섯 살인 내 딸과 같이 사람들과의 관계에 대해 얘기를 나눈다. 할아버지, 할머니, 반 친구들, 친구들, 이야기 속 인물, 심지어 우리 가족의 생활 속에서 딸이 교류를 나누는 사람들까지 모두가 이야기의 대상이 된다.

딸이 본 좋은 일, 딸이 들은 얘기, 딸이 본 안 좋은 일에 대해 얘기하다가 왜 그런 일이 일어나는지를 살펴본다. 그런 일이 관계에 도움이 되었는지, 딸이 관계를 더 잘 쌓거나 관계 때문에 생긴 어려움을 피하기 위해 어떤 식으로 행동하면 좋을지도 함께 고민한다. 이런 식으로 딸은 자신과 직접적으로 연관돼 있는 사람들과 관계를 쌓고, 다른 사람들 사이의 관계를 이해하는 힘을 매일매일 길러간다. 관계 관리는 기업가 정신에서 핵심 기반이다. 상대가 고객이든, 팀원이든, 경쟁자든 모든 관계에서 관계 관리가 중요하다. 어떤 경우든 사람들을 알고 이해해서 모든 교류를 적절히 관리할 수 있게 준비하는 것이 유리하다.

마크 콩캐넌(Mark Concannon), 콩캐넌 비즈니스 컨설팅(Concannon Business Consulting)

우리 부모님은 어릴 때부터 좋아하는 일을 하고, 사람들의 삶에 변화를 일으킬 만한 일을 하라고 가르쳤다. 두 분 또한 그런 가르침을 받으며 자라 사업체 경영주가 되었다. 나는 언제나 이 단순한 가르침을 인생 모토로 새겨 왔다. 매일매일 내가 하는 일을 즐기며 남에게 좋은 영향을 미치며 살아가고자 했다.

맷 슈미트(Matt Schmidt), 다이어비티스 라이프 솔루션스(Diabetes Life Solutions)

나는 '추운 밤의 솜이불' 비유를 자주 쓴다. 솜이불을 왼쪽으로 끌어당기면 오른쪽에 누운 사람이 춥고, 오른쪽으로 끌어당기면 그 반대가 된다. 우리는 딸에게 언제나 자신의 행동이 미칠 영향을 더 넓게 살펴보도록 이야기한다. 특히 남의 기분에 어떤 영향을 미칠지 배려하도록 해서, 궁극적으로 더 선하게 행동하게 한다.

지금은 아이가 어리니 친구들과 놀 때 착하게 놀라고 말해 주거나, 놀이터의 미끄럼틀을 한 번 더 타고 싶어 할 때 내면의 갈등을 해결하는 방법을 알려 준다. 공감력과 남의 관점에 열린 마음 갖기는 우리가 중요하게 여기는 가치다. 우리는 삶의 경험이 저마다 다르다는 점을 감안할 때, 혼자서는 최선의 해결책을 생각해 내기 힘들다고 생각한다. 따라서 다른 배경을 가진 사람들이 서로 협력해서 다양한 생각을 찾아야 한다고 본다. 딸이 좀 더 크면 기꺼이 그럴 기회를 늘려 가려고 한다.

캐스린 캠벨(Kathryn Campbell), 구글

3

상위 1퍼센트
부모의
차이 나는 생각

—

If we teach today's students as we taught yesterday's,
we rob them of tomorrow.

어제 가르친 그대로 오늘도 가르치는 건 아이들의 내일을 빼앗는 짓이다.

존 듀이
John Dewey, 미국의 철학자이자 교육학자

열 살 때 아버지가 침통한 표정으로 가라테 연습장으로 저를 태우러 왔습니다. 아버지의 얘기를 듣고서야 제가 밖에 나와 있는 동안, 집에 작은 화재가 나서 집이 온통 연기와 그을음투성이가 되었다는 것을 알았지요. 뜨겁게 달궈진 기름으로 커튼에 불이 붙고, 커튼의 불길이 벽과 싱크대 수납장으로 번져 주방에 큰 구멍을 내고서야 불길이 잡혔다고 합니다. 아무도 다치지 않은 게 그나마 다행이었지요.

이튿날 쓰레기장에 가져다 버리기 위해 내놓은 그을린 집기들이 트럭 화물칸에 수북이 실렸습니다. 바로 그때 저에게 '이 집기들을 내다 버리기보다 깨끗이 닦아서 팔면 어떨까?'라는 묘안이 떠올랐지요. 어머니는 좋은 생각이라고 격려해 주며 시간을 일주일 주었습니다. 제가 일주일 안에 집기들을 처리하지 못하면 그때 쓰레기장에 가져다 버리기로 했지요.

저는 집기들을 부지런히 닦았습니다. 동네의 모퉁이 가게 창문에 붙일 광고 전단도 만들고 신문의 광고란에 우리 집 차고에서 중고품 세일을 한다는 광고도 냈지요. 그런데 세일 전날 밤에 퍼뜩 드는 생각이 있었습니다. 가만히 따져 보니, 판매할 상품이 그렇게 많지 않고 물건을 비치할 공간은 아주 넉넉했지요. 저는 이웃집을 돌아다니며 대신 중고 물품을 팔아 주고 50 대 50으로 수익을 나누기로 합의를 봤습니다.

다음 날 아침, 수십 명의 사람들이 찾아와 물건이 대부분 팔렸습니다. 이

날 최고의 순간은 한 손님이 검게 그을린 전자레인지의 가격을 흥정해야 겠다며 아버지와 얘기하게 해 달라고 했을 때였지요. 아버지는 그 요구에 "이 장사의 주인은 내가 아니라 아들이에요. 대니얼과 흥정하셔야 할 거예요"라고 응수했지요. 그 순간 저에게 큰 권한이 실리는 기분이 들었습니다. 장사를 접으며 번 돈을 세어 보니, 무려 (호주 달러로) 300달러나 되었습니다. BMX 자전거와 게임기 세가 마스터 시스템을 사고도 남을 만한 금액이었지요.

아이에게 현실 속 삶에서 성공하거나 실패할 기회를 주는 것은 멋진 선물입니다. 경험을 통한 배움이야말로 가장 좋은 학습법이지요. 작은 영역에서 기량과 아이디어를 실험해 보는 것은 더 큰 영역으로 나아가기 위한 중요한 발돋움입니다.

나는 비즈니스 엑셀러레이터(business accelerator, 신규 창업가들의 비즈니스를 도와주는 기업-옮긴이)의 설립자인 만큼, 해마다 수백 명의 기업가를 만나 그들의 꿈에 대해 이런저런 이야기를 나눕니다. 이야기를 해 보면, 많은 경우에 성공의 최대 장애물은 자신감 부족입니다. 꿈을 좇을 이유가 충분한 쉰 살의 남자가 마음을 졸이며 자신 없어 하는 경우가 드물지 않습니다.

자신감은 익숙함과 결부되어 있습니다. 약간의 허세를 떠는 것도 일에 착수하는 데 도움이 될 수 있지만, 무엇인가에 정말로 자신감을 가지려면 경험을 통해 익숙해지면서 자신감을 쌓아 가야 합니다. 많은 사람 앞에서 말하는 것도 처음엔 아주 긴장되겠지만, 매주 하다 보면 얼마 지나지 않아 온통 모르는 사람 앞에서도 아주 편하게 말할 수 있습니다.

기회를 잡기 위해 익숙한 안전지대 밖으로 나오는 과정은 빨리 시작할수록 그만큼 더 자연스럽게 몸에 뱁니다. 아이를 기업가형 인재로 키우는 문제에 관한 한, 사소해 보이는 일이 아이에게는 대체로 큰 기회가 될 수 있습니다.

　제 친구 제레미 하버는 열세 살 때 부모님의 권유로 트렁크 판매를 해 봤습니다. 또 열다섯 살 때는 도매가로 보석류를 사서 주말마다 지역 시장 가판대에서 큰 이윤을 붙여 팔았지요. 그러다 학교를 중퇴하고 사업을 키워 열여덟 살 무렵에 안정적인 수익을 구축하게 되었습니다. 이후에는 가진 돈을 모두 털어 신생 사업인 아케이드 게임(오락 기기를 갖춘 전문 오락실에 설치된 게임기의 게임을 통칭하는 말-옮긴이) 사업에 뛰어들었습니다. 이 분야가 큰 인기를 끌 것이라 생각해 벌인 사업이었지만, 안타깝게도 쫄딱 망했지요.

　순식간에 부도 어음이 쌓여 갔고 스무 살이 되기도 전에 파산에 직면하게 되었습니다. 결국 채권자들에게 편지를 보내 부도가 났음을 알린 뒤 답변을 기다렸지요. 어떻게 될지 너무 겁이 나서 며칠 동안 침대 밖으로 나오지도 못했습니다. 전화를 확인하지도 못하고, 편지함을 열지도 못했지요. 실패자로 세상을 마주할 엄두가 나지 않았습니다. 그러다 마침내 용기를 내서 부딪쳐 보기로 큰맘 먹고 침대 밖으로 나갔을 때 크게 변한 것이 없다는 것을 깨달았습니다. 예전과 똑같았지요. 달라진 건 더 이상 어음 때문에 스트레스를 받지 않는다는 점뿐이었습니다. 고약한 편지나 고래고래 소리치는 음성 메시지가 와 있지도 않았고, 성난 물품 공급업체들이 집 밖에 진을 치고 있지도 않았지요.

제레미는 '줄타기를 하고 있다가 떨어졌는데 그제야 내가 땅에서 겨우 15센티미터 높이에 있었다는 것을 깨달은 기분이었다'라는 값진 교훈을 얻었습니다. 아주 어린 나이에 실패에 직면했던 그 일을 계기로 제레미는 삶과 사업에 대해서나, 건전한 위험 허용도에 독자적인 관점을 갖게 되었습니다. 현재는 갑부가 되어 행복한 가정을 꾸리고 살면서 세계 곳곳에 집이 있고 호화 모터보트와 개인 전용기도 소유하고 있습니다. 제레미는 어릴 때의 실패 경험이 훗날의 성공을 열어 준 중요한 열쇠였다고 분명히 꼬집어 말합니다.

많은 부모와 보호자가 아이를 위해 굉장한 기회를 찾아 줘야 한다고 생각합니다. 아이에게 역동적인 스타트업을 하나의 직업으로 친숙하게 느끼게 해 주거나 아이에게 마크 저커버그(Mark Zuckerberg)에 필적할 만한 코딩 기술을 키워 줘야 한다고 생각하지요. 아이가 기량을 갈고닦기 위해서는 아주 대단한 기회가 필요한 게 아닙니다. 보통은 안전지대 밖으로 조금 벗어나는 무엇인가를 해 볼 단순하고 쉬운 기회면 됩니다.

이번 장에서는 아이를 직장에 데려가는 것 같은 단순한 일이 커다란 영향을 미치기도 하는 점을 보여 주려 합니다. 십 대 아이에게 당신의 사업체 SNS 계정을 개설하거나 관리하게 해 주면, 아이는 자신이 신뢰받고 있다고 느끼며 막중한 책임감을 가질 수 있습니다. 동네 주변에는 기업가 정신을 발휘할 기회로 넘쳐 나며, 실제로 성공한 사업주들 상당수는 십 대 때 동네 사람들을 대상으로 사업을 벌여 본 경험이 있습니다.

아이는 새로운 것을 해 볼 기회를 원하면서 끊임없이 그런 기회를 요구합니다. 우리와 이야기를 나누었던 한 부모는 10대 아들의 창의적 재간을 보면서 흥미를 느꼈다고 했지요. 이 부모는 아들에게 주말마다 수영장을 청소하는 대가로 시급을 주기보다, 수영장을 깨끗하게 관리하는 대가로 매주 10파운드를 줬다고 합니다. 그런데 이 작은 변화로 흥미로운 일이 일어났습니다. 큰아들이 비교적 쉬운 일은 자기 남동생에게 맡기며 매주 3파운드를 나눠 주면서, 형제가 함께 빠르고 효율적으로 일을 해 수영장을 항상 깨끗하게 관리했던 것입니다. 집안일을 완수해 볼 기회를 주려고 시켰던 일이, 팀을 이루어 혁신을 이룰 기회로 급반전된 셈이었지요.

제 이야기로 다시 돌아가서, 저는 차고 세일 때 봤던 아저씨의 얼굴 표정을 평생 잊지 못할 것입니다. 아버지가 그 세일은 내 장사이니 나와 흥정을 해 보라고 했을 때 그 아저씨의 표정이 잊히지 않습니다. 그 흥정에서 저는 한 치도 양보하지 않았고, 아저씨는 전자레인지를 제가 매긴 가격을 다 주고 사 갔지요. 그때의 경험으로 저는 돈보다 더 큰 것을 얻었습니다. 값을 매길 수 없는 소중한 기회였지요.

문제 해결력
스스로 문제를
해결하게 하라

2010년에 저는 국립사회복지기술아카데미(National Skills Academy for Social Care)의 1년짜리 준석사 과정에 등록하면서 1년 동안 정규 코칭 지도를 받을 기회가 생겼습니다. 저에게 배정된 코치는 경제학 석사 조앤 룰이었는데 그녀는 사업 코치가 되기 전에 보건 변혁 분야에서 폭넓은 활동을 벌이기도 했지요.

조앤은 장애물 극복과 준석사 과정을 마친 후의 계획에 도움을 주었습니다. 책임 파트너가 되어 제가 목표를 어느 정도 이루었는지 확인하는 역할을 맡았는가 하면, 지금까지 계속 활용 중인 의사 결정의 틀도 잡아 주었습니다.

극복하고 싶은 특정 난관에 처한 상태에서 그 코칭 지도에 들어갔

다고 상상해 봅시다. 조앤과 제가 가장 먼저 나눌 얘기의 주제는 난관
자체였을 것입니다. 우리는 '그것은 정확히 어떤 난관인가? 왜 그런
난관이 생긴 걸까? 단독으로 일어난 난관일까, 아니면 다른 난관과 연
계되어 일어난 걸까? 그 난관이 불편하게 느껴지는 이유는 무엇일까?'
라며 해당 난관을 철저히 분석한 다음에, 두 번째 단계로 그 난관을
어떻게 다룰지 결정했지요.

　난관을 종이 한가운데에 적어 놓은 다음, 조앤이 "무엇을 할 수 있
을까요?"라는 간략한 질문을 던지면 제가 답을 내놓았습니다. 이 시
점에서는 이유를 설명할 필요 없이, 그냥 가능한 선택안 하나를 짧게
적기만 했습니다. 그다음에 조앤이 "할 수 있는 또 다른 일은 없을까
요?"라고 물으면 제가 또 하나의 답을 내놓았습니다. 가능한 선택안
이 더 이상 생각나지 않아 대답이 막힐 때까지 이 과정을 반복했지요.
우리가 항상 적었던 답 중 하나는 '아무것도 안 하기'였습니다. 아무것
도 안 하기는 언제나 하나의 선택안이었지요. 머릿속이 멍해져서 가
능한 다른 선택안이 도저히 생각나지 않을 때도 조앤은 "할 수 있는
또 다른 일은 없을까요?"를 물으며 제가 또 다른 답을 떠올리기 위해
머리를 이리저리 굴리는 동안 끈기 있게 기다려 주었습니다. 생각하
느라 생긴 침묵을 어떤 말로든 메우려 하지 않고, 저 대신 답을 제시
해 준 적도 없었지요. 그저 기다리며 제가 답을 찾게 놔두었습니다.

　세 번째 단계는 답변 지우기였습니다. 선택 가능한 해결책들을 분
석해서 지워 나가는 과정이었지요. "이 선택안대로 한다면 어떻게 될

까요?"라는 질문에 답하며 최악의 아이디어부터 하나씩 지워 나가, 결정을 내릴 선택안을 한두 개만 남겼습니다.

정리하자면, 우리는 이런 거미줄 도표의 결정 내리기 틀에서 다음의 세 의문을 기반으로 3가지 방법을 찾았습니다.

1. 무엇이 문제인가?
2. 할 수 있는 (다른) 일은 없을까?
3. 그 일을 하면 어떻게 될까?

여기에서 관건은 이 의문에 꼭 답해야 한다는 것입니다. 제 코치는 저에게 즉시 문제를 해결하도록 다그치거나 대신 답을 제시해 주지 않았습니다. 제 자신이 해결책을 가지고 있다고 확신했지요. 제가 그저 해결책이 보일 만큼 열심히 생각하기만 하면 된다고 봤지요.

저는 가장 편안하게 느끼는 해결책에 이르렀을 뿐 아니라, 해결책에 더 자신감이 붙기도 했습니다. 그 해결책이 다른 선택안을 삭제하고 남은 가장 좋은 선택안인 데다 스스로 생각해 냈기 때문에 더 자신이 생겼지요. 만약 다른 사람의 아이디어였다면, 그런 해결책을 진전시킬 의욕이 그만큼 자극되었을지도 의문입니다.

부모나 고용주의 입장에 있으면 즉시 문제를 해결하려는 생각으로, 직원이나 아이가 다음에 무엇을 하면 좋을지 생각하기 십상입니다. 부모나 고용주가 돌보는 사람이 스스로 답을 찾아낼 능력이 있음을 믿고 일정한 결정 내리기의 틀을 활용해 답을 찾게 해 주면, 단기적으로는 끈기가 필요하겠지만 장기적으로는 더 득이 됩니다.

저는 현재 거미줄 도표 틀을 활용해 대다수의 결정을 내립니다. 처음엔 종이에 전부 다 적어 가며 했는데, 얼마 뒤부터는 그럴 필요도 없어졌지요. 돌이켜 생각해 보면, 제가 선택했던 커리어나 교육 중 몇몇은 더 어릴 때부터 거미줄 도표를 연습하면서 신중한 결정을 내렸다면 애초에 선택하지 않았을 만한 것입니다. 어쩌면 여러분도 저와 같은 생각이 들 수도 있습니다. 의문을 갖지 않으면 기본적으로 정해진 길을 그대로 따르기 십상입니다.

아이는 앞으로 평가해야 할 온갖 기회 앞에 놓일 것입니다. 공부를 계속하든, 취직을 하든, 대학교에 들어가든, 스타트업에 들어가든 그 어떤 기회든 간에 결정을 위한 탄탄한 틀이 갖추어져 있다면, 최상의 결과를 위해 의식적이고 신중한 결정을 내릴 수 있습니다.

_____ **아이와 함께 실전 연습** 🙇

아이와 함께 앞에서 얘기한 3가지 방법을 활용할 만한 기회를 찾아본다.

☐ 큼지막한 종이에 선명한 색색의 펜으로 거미줄 도표를 재미있게 만들어 보아라.
☐ 3가지 생각 방식이 습관으로 깊이 자리 잡도록 사소한 결정과 큰 결정을 가리지 말고 연습해라.

마크 저커버그
Mark Zuckerberg

페이스북 창업자

2010년도 〈타임〉지 선정 올해의 인물

마크 저커버그는 4형제로 자랐다. 아버지 에드워드 저커버그는 집과 붙어 있는 치과를 운영했고 어머니 카렌은 정신과 의사였다.

저커버그는 초등학교에 다닐 때 컴퓨터에 흥미를 갖게 되었고, 열 살 때 세상은 프로그래머와 유저(사용자)로 나뉜다는 것에 눈을 떴다. 아버지에게 프로그래밍을 배웠고 열두 살 때 아타리 베이직으로 저크넷(ZuckNet)이라는 메시지 프로그램을 만들었다. 저커버그의 아버지는 치과 사무실에서 이 프로그램을 활용해, 접수계원이 진료실 쪽으로 소리를 지르지 않고도 새 환자가 온 것을 알려 주게 했다. 저커버그의 가족은 집 안에서 저크넷을 통해 메시지를 주고받기도 했다.

저커버그는 친구들과 같이 그냥 놀이 삼아 컴퓨터 게임을 개발하기도 했다. 저커버그는 한 인터뷰에서 "예술에 재능 있는 친구 몇이 있었는데, 그 친구들이 우리 집에 와서 무엇을 그리면 그걸 가지고 게임을 만들었어요"[53]라고 말했다.

아버지 에드워드 저커버그는 한 라디오 인터뷰에서 자신의 양육 규칙을 다음과 같이 밝혔다.

1. 스스로 모범을 보여 주어라.

2. 아이를 안전하게 지켜 주어라.

3. 아이의 흥미를 알아봐 주고 격려해 주어라.

4. 당신이 아이를 자랑스러워한다는 것을 알게 해 주어라.

5. 노는 것도 잘 챙겨 주어라.[54]

· 내 아이를 위한 1퍼센트의 비밀 _____

나는 아이들에게 창의적 사고력을 북돋아 주기 위해 자주 문제 해결 의욕을 자극한다. 내가 운영하는 사업체의 간단한 일을 같이 해 보며 어떤 방법으로 하면 좋을 것 같냐고 물어보거나, 조리법이나 맛에 대한 조언을 부탁한다. 또 구체적인 피드백을 권하면서 의견과 실행 가능한 통찰 사이의 차이도 이해시킨다. 그런 대화를 나누다 보면 아이들도 문제가 현실 속 실제 문제이고, 자신이 어떤 식으로든 도움을 주고 있다는 생각에 좋아한다. 나는 이 대화를 미래의 창의적 사상가를 키울 역할놀이로 여기며, 대화를 할 때마다 무엇인가를 배운다.

애미 취들(Amy Cheadle), 더 노던 도우(The Northern Dough Co.)

우리 부모님은 첫 번째로는 자신을 믿고, 두 번째로는 10년 앞을 내다보고 생각해야 한다고 가르쳤다. 부모님이 내게 한 말이다.

"네가 이루고 싶은 목표를 세우고 나면 그다음에는 그 목표를 이룰 방법을 적극적으로 찾아야 해. 그러다 일단 기회를 발견하면 수영장 물속으로 다이빙하듯 정면을 보고 뛰어들어야 하지. 일단 뛰어들고 나면 수영을 할 수밖에 없겠지? 실수하더라도 더 잘할 방법을 배우는 것일 뿐이야. 가장 중요한 것은 첫걸음을 내딛는 것이지. 그다음에 두 번째 걸음을 떼고 이어서 세 번째 걸음까지 떼고 나면 그때는 이미 익숙해져 있을 거란다"

이갈 대한(Igal Dahan), 이갈 대한 주얼리(Igal Dahan Jewelry)

어린 시절 가장 기억에 남는 것은 지금의 모든 결정에 여전히 영향을 주고 있는 어머니의 가르침이다. 나는 언제나 꿈 많은 아이였지만 잘 안될까 봐 걱정이 많았다. 잘못될 만한 방법을 이것저것 짚어 내며 매번 최악에 대비한 계획을 세웠다. 그런 나에게 어머니는 어떤 상황에서든 "넌 잘 해결해 낼 거야"라고 말해 주었다. 어머니는 언제든 기댈 수 있는 반응을 해 주었다. 바라던 성적을 얻지 못했거나 들어가고 싶던 팀에 못 들어갔을 때도, 희망하던 대학교에 떨어졌을 때도, 사귀던 사람과 헤어졌을 때도, 내 삶에 무슨 일이 생기든 내가 찾아가서 털어놓으면 어머니는 "네가 잘 해결해 낼 테니 괜찮을 거야"라고 말해 주었다.

이제 나는 기업가로서 (그리고 사생활에서도) 내 동료와 친구들에 비해 실패를 덜 두려워하고, 더 기꺼이 위험을 감수하며, 변화도 더 많이 감수하는 편이다. 결정을 내릴 때마다 무슨 일이 생기든 해결해 낼 거라는 마음가짐으로 임한다. 나는 어머니가 매번 해 주던 그 말이 내가 내렸던 모든 결정에 영향을 주었다고 믿는다. 그리고 그 말 덕분에 내 통제력 밖의 일은 걱정하지 말자는 교훈도 배웠다.

헤일리 루카두(Hayley Luckadoo), 루카두 미디어(Luckadoo Media Co.)

창의력
세상을 다르게 보는
눈을 키워라

어린 시절에 '테마파크 월드(Theme Park World)'라는 컴퓨터 게임을 좋아 했습니다. 가상 테마파크에서 경영자가 되어 보는 게임이었지요. 이 게임에서는 가상 통화의 종잣돈으로 놀이 기구를 설계하고 만들어서 놀이공원을 개장한 다음 수익을 내야 했어요. 그러려면 티켓 가격, 음식 가판대 위치, 화장실과 쓰레기통 설치 위치뿐만 아니라 놀이공원 관리를 위한 직원 채용과 교육에 대한 문제를 결정해야 했습니다.

놀이공원의 성공은 이용객의 만족도에 따라 평가받았습니다. 놀이 공원이 깨끗하고 깔끔하지 않으면 이용객들이 불만스러워했지요. 놀이 기구가 고장 났는데 기술자를 시켜 수리하지 않는다거나, 음식 가판대의 줄이 너무 길거나, 음식이 너무 비싸도 마찬가지였지요. 이런 불만에 따른 연쇄 반응으로 놀이공원의 티켓 판매가 줄면 새로운 롤러코스터도 만들지 못했습니다.

이 게임을 했다 하면 몇 시간씩 빠져 있었습니다. 여러 가지 시나리오를 테스트하며 줄 서서 기다리는 이용객들을 즐겁게 해 주려고 마술사를 고용하는 실험을 하거나, 쓰레기를 깨끗하게 치우려고 청소부 고용을 늘리거나, 놀이공원 수요를 맞추기 위해 평일엔 입장권을 할인해 주기도 했지요. 이 게임은 사업 운영을 실험해 보기에 끝내주는 방법이었습니다. 게임을 하지 않을 때도 문제점을 해결해 놀이공원을 성공시키기 위한 방법을 생각하느라 머릿속이 분주했지요. 실제 사업과 흡사했습니다.

이 게임의 주된 장점은 다음의 두 가지였습니다.

1) 장기적 구상

내가 취한 모든 행동이나 변화는 내 가상 세계 속에서 몇 분이나 몇 시간 혹은 며칠 후에 반응이 나타났다. 그래서 앞일을 예측해 만일의 경우를 철저히 대비하는 데 능숙해야 했다. 놀이공원을 그날 하루만이 아니라 장기적인 수익이 나게 운영해야 했다.

2) 다양한 시나리오의 평가

모든 조치에는 비용 편익 분석이 필요했고, 빠른 수학 계산이 필요한 경우도 많았다. '입장권 가격을 5퍼센트 인상하면 이용객들이 음식 비용으로

5퍼센트를 덜 써서 수익이 10퍼센트 줄지는 않을까? 놀이공원이 깨끗하고 깔끔하면 이용객들이 이리저리 돌아다니며 놀이 시설 이용을 즐길 테니, 운영하는 음식 가판대를 줄이는 게 좋을까? 놀이공원의 배치가 이용객들의 이용 시간과 대기 시간에 얼마나 영향을 미칠까?' 등 다양한 시나리오를 생각해야 했다.

뒤돌아보면, 확실히 두루두루 쓸모 있는 기량들이었습니다. 이런 기량들은 기업가의 일상생활에서 실제적으로 가치가 있으며, 그것은 놀이공원 사업이 아니어도 마찬가지입니다.

───────────────────────────────── 아이와 함께 실전 연습 ⚓

☐ 리스크(RISK), 체스(Chess), 모노폴리(Monopoly), 테마파크 월드, 롤러코스터 타이쿤(Rollercoaster Tycoon) 등의 보드게임, 전략 시뮬레이션 게임, 비즈니스 시뮬레이션 게임을 해 보는 것도 비슷한 장점을 얻을 수 있다.

☐ 요즘엔 선택할 수 있는 게임의 종류가 훨씬 많아졌다. 몇 개만 예로 들면, 커피 타이쿤(Coffee Tycoon), 게임 데브 타이쿤(Game Dev Tycoon), 트랜스포트 타이쿤(Transport Tycoon) 등이 있다. 이런 게임 중 하나를 해 보면서 상상력의 불꽃이 일어나는 경험을 직접 해 보길 권한다.

피터 틸
Peter Thiel

페이팔(PayPal)의 공동 창업자

2004년 8월에 페이스북의 주식 10.2퍼센트를 50만 달러에 취득하며
페이스북의 최초 외부 투자자가 됨.

1977년에 캘리포니아주에 정착하기 전까지 틸은 남아프리카 공화국과 서남아프리카(현재의 나미비아)에 살면서 초등학교를 7번이나 전학 다녔다. 그중 한 곳이던 스바코프문트에 있는 엄격한 학교에서는 교복을 입어야 했고 잘못을 하면 자로 손을 때리는 체벌도 있었다.

틸은 어릴 때 체스 신동이었다. 여섯 살 때부터 체스를 두었고 1992년에는 미국 체스연맹(USCF)에서 최고 점수 2,342점을 달성했다. 라이프마스터(최소 300 USCF 등급의 게임에 대해 2200 이상의 등급을 획득한 플레이어에게만 부여되는 타이틀−옮긴이)를 부여받기도 했다. 틸은 체스 외에 〈던전 앤 드래곤〉 게임을 즐기고, 공상 과학 소설을 열독하며 아이작 아시모프(Isaac Asimov)와 로버트 A. 하인라인(Robert A. Heinlein)의 책을 특히 좋아하기도 했다. 또 J.R.R 톨킨(J.R.R. Tolkien)의 작품에 푹 빠지기도 했다. 어른이 된 후에 본인이 밝혔듯, 어릴 때 《반지의 제왕》을 10번도 넘게 읽었다고 한다.

틸의 스탠퍼드대 스타트업 강의를 들었던 어느 학생의 강의 노트에 적힌 대로라면, 체스의 규칙 상당수는 사업에도 적용 가능하다. 체스에서 배울 교훈으로는 체스 말의 상대적 가치를 판단하듯 팀원들의 상대적 가치 판단하기, 게임의 국면을 판단해 계획 세우기, 재능의 중요성, 성공에는 운 이상의 것이 있다는 점, 종반전의 연구 등이 있다고 한다.[55]

• 내 아이를 위한 1퍼센트의 비밀 _____

우리 아버지는 전략을 배우고 항상 10수 앞을 내다보고 둬야 한다는 점을 들어 체스를 장려했다.

애나 코브지리제(Ana Kovziridze), 스키노베이션 메드스파(Skinovation Medspa)

모노폴리 같은 보드게임을 권하고 싶다. 모노폴리는 아이가 재미있게 놀면서 예산 짜기와 돈 관리 요령을 배우게 해 줄 방법으로 정말 좋다.

알렉산드라 액센(Alexandra Axsen), 레이크 오카나간 리얼티(Lake Okanagan Realty Ltd)

나는 자랄 때 문제를 풀며 창의성을 크게 자극받았다. 전기 공학 회사를 운영했던 아버지는 언제나 우리에게 패턴을 보라면서 블록과 도구를 가지고 하는 게임을 장려하였고, 손으로 만져 보며 배우는 학습을 중요하게 여겼다. 우리 형제는 어릴 때 언제나 재미있게 퍼즐을 맞추거나 수열을 풀거나, 손으로 만지며 하는 도전 과제를 해결하며 시간 가는 줄 몰랐다.

케세이 힐(Casey Hill), 힐 게이밍 컴퍼니(Hill Gaming Company)

실행력
꿈꾸던 목표를
이루게 하라

생각은 그 사람의 말이 됩니다. 말은 그 사람의 태도와 믿음이 되고, 이 태도와 믿음은 행동이 되지요. 이런 행동이 미래를 결정짓습니다. 따라서 사고방식은 그 사람이 이루는 모든 것에 어떤 식으로든 원인으로 작용합니다. 일의 개념에 대한 사고방식도 다르지 않습니다.

우리가 이야기를 들어 본 사람들의 상당수는 일의 세계를 일찌감치 접했습니다. 그렇다고 해서 모두가 다 일을 했다는 얘긴 아닙니다. 몇몇 사람의 경우엔 저녁 식사 자리에서의 대화만으로도 상업적 인식을 키우고, 일의 수반 요소와 사업의 존재 이유를 생각해 보기에 충분했지요. 부모가 산책 중에 여러 사업을 지목하며 그 사업의 목적을 판단해 보게 북돋아 준 경우도 있었지요.

아이는 부모의 일에 대한 태도를 눈치채기도 합니다. 일을 즐기는지 안 즐기는지, 일에 얼마큼의 노력을 쏟는지, 일을 통해 어떤 식의 삶을 영위하는지 등을 다 알지요. 어린 시절을 되돌아보며 '일'이라는 말의 의미에 대한 첫인상이 어땠는지 생각해 봅시다. 부모님의 직업이나 운영했던 사업을 생각해 보세요. 부모님이 어떤 일을 했는지, 혹은 부모님의 일상이 어땠는지 기억납니까?

이번엔 당신이 지금 어떤 일을 하고, 하루를 어떻게 보내는지 생각해 봅시다. 당신의 아이에게 이 점에 대해 물어보면, 어떤 대답을 할 것 같은가요? 아이가 당신이 어떤 일을 하며 시간을 보내는지 알고 있고, 당신이 일을 하면서 이루고 싶어 하는 바가 무엇인지 이해하고 있을까요? 아이에게 물어보고, 어떤 말을 하는지 들어 봅시다.

우리는 자라는 동안 교사, 의사, 가게 주인, 경찰관 등 평상시에 자주 보는 역할에 익숙해집니다. 대다수 아이는 이런 직업이 각각 어떤 일을 하는지 그럴싸하게 설명할 수 있습니다. 유튜버, 게이머, 미식축구 선수도 아이가 흔하게 보는 역할이지요. 아니면 뚝딱뚝딱 밥 아저씨, 행복배달부 팻 아저씨, 소방관 샘 같은 캐릭터가 나오는 텔레비전 애니메이션을 보면서 이런 직업의 역할에 수반되는 활동이 무엇인지 알고 있을 것입니다.

아이에게 기업가나 사업가가 무슨 일을 하는 사람이라고 생각하는지 물어본 적이 있습니까? 물어보면 놀랄지 모릅니다. 아이는 〈드래곤스 덴〉이나 〈어프렌티스〉 같은 텔레비전 리얼리티 프로그램을 봤을 수 있고, 아니면 〈레고 무비(The Lego Movie)〉에서 악당 로드 비즈니스를 봤을 수도 있습니다. 아이가 이런 프로그램과 영화를 보고 긍정적인 인상을 받았으면 좋겠지만, 그렇지 않은 경우가 많을 것입니다.

저는 아주 어렸을 때 아버지가 자동차를 판다고 생각했습니다. 그러다 자동차 판매 대리점을 운영하면서 영업 사원들에게 자동차 판매를 가르친다는 걸 알았습니다. 그 뒤에는 아버지가 자주 판매 대리점을 옮기면서 부진하던 대리점을 호전시켜 수익성을 높인다는 걸 알았지요. 또 그 뒤에는 아버지가 주로 팀을 발전시키고 팀원에게 일을 잘하도록 의욕을 북돋아 주는 일을 한다는 것을 알았습니다. 나이를 먹을수록 아버지가 더 세부적인 일을 맡으면서, 덕분에 저는 아버지의 역할을 더 잘 이해하게 되었습니다. 다섯 살 때의 저는 사람들을 관리하는 일의 복잡성은 이해하지 못했을 테지만, 자동차가 무엇인지 알았고 구매의 개념도 이해했지요.

어머니의 일에 대해서는 좀 더 많은 체험을 했습니다. 어머니가 집에서 일했기 때문인데, 저는 어머니가 전화를 걸고 사람들이 어머니에게 전화를 건다는 것을 알았습니다. 어머니가 누구와 무슨 내용으로 통화하는지는 몰랐지만, 언니와 제가 너무 크게 떠들면 "쉿!"이라는 주의를 듣고 조용히 있어야 했기 때문에 전화가 중요하다는 점은 감을 잡았지요.

일하는 환경을 체험해 보는 일은 다른 방법으로는 일의 세계를 이해할 기회가 별로 없는 아이들에게 흥미로운 경험이 될 수 있습니다. 아버지의 일에 흥미를 느꼈던 때가 지금도 기억납니다.

그때 저는 아버지와 같이 판매할 자동차 안에 여러 번 타 보고, 복사기를 써 보고, 자동차를 수리하는 공장도 보고, 공장에서 새 차가 배송되어 들어오는 것도 봤습니다. 그렇다고 해서 제가 아버지와 아버지의 동료들이 일터에서 어떤 일을 하는지만 이해했던 것은 아닙니다. 그 분야 사업 전체의 작동 방식을 엿보기도 했지요. 핫초코 머신을 만지작거리고 복사기로 내 얼굴을 복사하고 있을 뿐이었지만, 대리점이 운영되는 방식과, 판매가 이루어지고 상품이 전달되는 과정을 이해했습니다. 저는 영업 사원들이 고객과 악수를 나누며 웃는 모습을 지켜보았고, 그런 일터는 상황을 이해하는 새로운 참고점이 되어 주었지요.

많은 학교에서 열다섯 살이나 열여섯 살부터 직업 체험 학습을 수업에 포함시키지만, 일에 수반되는 요소를 그 나이부터 이해하는 것은 너무 늦습니다. 게다가 그 시기는 그런 활동으로 시간을 보내기 정말 싫어질 만한 나이일 수도 있습니다. 아이를 가능한 한 이른 나이에 일의 세계에 접하게 해 주면, 이 책에서 얘기하는 수요와 공급 같은 여러 개념들에 더 풍부한 맥락을 키워 줄 수 있습니다.

다음의 방법을 참고해서 아이에게 직업 체험 학습을 해 주길 권합니다.

□ 아이가 학교에 가지 않는 날을 하루 잡아 일하는 곳에 데려가 본다. 아이에게 무엇을 해 보게 할지, 누굴 만나게 해 줄지 미리 계획을 짜 두어라. 아이에게 부모가 일할 동안 할 만한 활동거리를 챙겨 가라고 권해라.

□ 하루 종일 시간을 낼 여건이 안 된다면, 아이를 회의 자리에 데려가거나 쉬는 날에 잠깐 회사에 들러 구경시켜 주는 방법도 있다.

□ 회사나 사업이 고객을 돕는 업종이라면, 아이를 데리고 가서 고객을 만나게 해 준다. 고객을 만나 본 다음엔 함께 일하는 사람들이 수행하는 역할과 당신이 그 사람들을 위해 어떤 일을 하는지 얘기해 주는 것도 좋다.

□ 친구나 가족 중에 흥미로운 일을 하고 있는 사람을 찾아보고, 그 사람의 직장에 방문해 무슨 일을 하는지 직접 들어 보게 기회를 마련해 본다.

□ 아이의 눈높이에서 생각해 본다. 당신에게는 일터가 평범한 일상일 테지만, 아이에게는 눈이 휘둥그래질 만큼 놀라울 수 있다.

□ 어린이 애니메이션 〈페파 피그〉를 함께 본다. 아빠 돼지는 아주 복잡한 분야인 구조공학 일을 하고 있지만, 페파와 조지를 사무실로 데려가면 언제나 아주 재미있게 시간을 보낸다. 시즌 2의 22번째 에피소드 '아빠 돼지의 사무실'을 보고 아이를 데려가 같이 일해 보는 기회를 만들어 보아라.

□ 공방이 있는 박물관이나 문화 유적지를 가 보아라. 예를 들어, 버밍엄의 주얼리 쿼터 (Jewellery Quarter)에 가면 펜 박물관, 보석 박물관, 관 박물관이 있는데 세 곳 모두 실제 작업장이 갖추어져 있다.

□ 직업 체험을 아이의 미래의 관점에서 이야기해 보고, 아이가 그 일을 어떻게 생각하는지도 이야기해 본다. 예를 들어, 사업장이나 직접 본 사무실의 멋진 모습이 화제가 된다면, 아이가 나중에 자신의 팀이 근무할 건물을 어떤 식으로 꾸미고 싶은지의 관점에서 이야기하면 된다. 아이가 사업을 운영할 것을 가정하고, 그 가정에 따라 논의해 보아라.

밀턴 허쉬
Milton Hershey

허쉬(Hershey's) 기업의 창업자

아내 키티와 함께 타이타닉호에 탑승 예약을 했지만
운이 좋게도 막판에 여행이 취소됨.

허쉬는 열세 살이 되었을 무렵 6번이나 전학을 다녔다. 허쉬의 아버지 헨리는 끊임없이 새로운 일에 손을 대며, 줄곧 일확천금의 꿈에 매달렸다. 어머니인 패니는 독실한 메노파(퀘이커교와 함께 절대 평화주의의 전통으로 유명한, 재세례파 교회의 한 파-옮긴이) 신자였다.

당시에 시골의 젊은이들이 대개 그랬듯, 밀턴 허쉬는 당연시되는 관행에 따라 가족 농장에서 일을 도우며 어릴 때부터 근면함과 끈기의 가치를 배웠다. 4학년을 마치자, 어머니는 아들이 학교를 그만두고 장사를 배워야 할 때라고 결정하고 아들에게 인쇄업자의 견습공 자리를 구해 주었다. 허쉬는 인쇄할 글자를 하나하나 조합하고 인쇄기에 종이와 잉크를 채우는 일을 도왔다. 하지만 허쉬는 그 일을 지루해했다.

인쇄소에서 일한 지 2년이 지났을 무렵, 허쉬는 어머니의 도움을 받아 제과업자의 견습공 자리를 새로 구해 제과 기술을 배웠다. 그로부터 얼마 후 10대이던 허쉬는 이모에게 100달러를 빌려 자신의 첫 과자점을 열었다. 그 뒤에 제과업계에서 사업을 운영하며 파란만장한 세월을 보낸 끝에 캐러멜류에 주력하기 시작했다. 캐러멜 사업을 성공적으로 일궈 낸 이후인 1,900년에는 이 사업을 100만 달러(현재 가치로 3,000만 달러 이상)에 매각하고, 당시에 부유층을 위한 고급 상품에 들던 밀크초콜릿 쪽으로 관심을 돌렸다. 밀크초콜릿의 고유 제조법을 개발하고 상품을 홍보해서 밀크초콜릿을 대중화시키기로 결심했던 것이다.[56]

• 내 아이를 위한 1퍼센트의 비밀

아이들은 학교에 가지 않을 때는 내 사무실에 와서 한참을 있다 간다. 나는 아이들을 빈 사무실이나 회의실에 들어가서 나오지 못하게 하는 게 아니라, 직원이든 손님이든 안에 들어오는 모든 사람에게 인사시킨다. 아이들은 그런 기회를 통해 자신 있는 자기소개와 '인맥 쌓기'의 힘을 두루두루 익히고 있다. 나는 아이들에게 근면의 중요성만이 아니라, 어떤 사람을 알고 있느냐도 성공에 큰 영향을 미친다고 자주 상기시킨다.

코트니 바비(Courtney Barbee), 더 북키퍼(The Bookkeeper)

현재 나는 어머니 로스 스태넷이 35년도 더 전에 창업한 기업 에스아이에스 인터내셔널 리서치(SIS International Research)의 글로벌 운영을 이끌고 있다. 어머니는 내가 여섯 살 때부터 전 세계 곳곳에서 열린 사업 회의에 나를 데리고 갔다. 나는 그렇게 어린 나이에 어머니를 따라 아시아와 유럽을 돌아다니고 무역 박람회도 다녔다. 덕분에 회의, 발표회, 무역 박람회에서의 처신 요령을 익혔다. 어머니는 나에게 글로벌 비즈니스, 여행, 컨설팅업을 향한 열정을 불어넣어 주었다.

마이클 스태넷(Michael Stanat), SIS 인터내셔널 리서치

부모님은 내가 어릴 때부터 쭉 집에서 일을 했다. 처음엔 통신 판매 야구 카드(앞면에 선수 사진, 뒷면에 그의 성적이 인쇄된 것으로 야구팬들의 수집용-옮긴이) 사업을 하다 나중엔 음반 사업을 했다. 어머니에게 들은 얘긴데, 거실에 나를 뉘어 놓

은 아기 침대와 아버지의 책상을 내놓고 두 분이 그곳에서 일했다고 한다. 나는 어릴 때 야구 카드 분류 작업을 돕기도 하고, 아버지의 가게 일도 거들었다. 아버지는 내가 볼 때마다 늘 거실의 책상에 앉아 열심히 일했고, 내가 거실에서 숙제를 하고 있을 때 아버지는 보통 전화에 능란하게 응대하거나 음반의 배송 작업을 하고 있을 때가 많았다. 학교에 가지 않는 날에는 우체국에 포장 상품을 가져가는 일도 도왔다. 확신컨대, 부모님이 열심히 일하는 모습을, 그것도 집에서 지켜보면서 자랐던 것은 내가 기업가가 되는 데 밑거름이 되었다.

제니퍼 예코(Jennifer Yeko), 닌자 리크루팅(Ninja Recruiting)

통찰력
일의 목적과
의미를 알게 하라

존 메이너드 케인스(John Maynard Keynes)는 20세기 영국의 경제학자였고, 일명 케인스 경제학으로 불리는 그의 아이디어는 대공황기뿐만 아니라 제2차 세계 대전과 전후 경기 확장기 내내 표준 경제 모델로 활용되었습니다. [57]

케인스는 경기 침체기에는 정부가 수요를 촉진해야 한다고 제안했습니다. 이 제안은 사실상 사람들을 고용해 땅을 파게 했다가 그다음엔 구멍을 다시 메우게 하라는 것이나 다름없었지요. 이렇게 공공 투자를 하면 정부 지출에 사회적 가치가 없는 극단적 상황에서조차 다시 완전 고용이 이루어질 것이라고 생각했지요.

이것은 이론상으로는 타당하지만, 실제 삶에서는 부작용이 있습니다. 노동자들이 사실상 땅에 구멍을 팠다가 다시 메우는 일을 하며 돈을 받았다고 상상해 봅시다. 이 사람들은 매일같이 단지 경제를 위해 쓸 수 있는 급여를 정당화하기 위해 자의적인 일을 하고 있었지요. 이런 일은 창의적이지도, 신나지도 않았고 뚜렷한 목적이 있는 것도 아니었습니다. 그저 아주 힘든 막노동일 뿐이었지요. 그렇다면 이 사람들은 얼마나 만족스러웠을까요? 얼마나 충족감을 느꼈을까요? 그 일을 계속하고 싶은 마음이 얼마나 있었을까요?

아이를 부모가 하는 일의 프로젝트에 함께 끼워 주기 전에 맥락을 따져 보세요. 부모의 일은 해당 사업의 사명에 기여하는 아주 중요한 목표와 연결된 규칙적 업무들이 여러 난이도로 구성되어 있을 것입니다. 이런 업무를 매주 똑같은 과정으로 진행하거나, 마감 시한이나 특정 프로젝트 일정에 따라 진행할 것입니다. 이런 개별 프로젝트는 특정 목표에 기여하거나, 어떤 의뢰인이나 고객의 특별한 필요성에 도움이 될 것입니다.

부모의 일과 프로젝트를 세밀하게 이해하면 아이에게 부모의 일이나 사업의 존재 이유에 대해서나, 그 일이 어떤 점 덕분에 밥벌이가 되는지 더 깊이 있게 이해시켜 줄 것입니다. 반대로 아이가 부모의 일이나 사업의 근거를 이해하지 못한 채로 프로젝트에 함께 끼면, 그 어떤 프로젝트라도 구멍을 팠다가 다시 메우는 일을 하는 것과 비슷한 기분이 들 것입니다.

다음의 4단계 논점을 토대로 삼아 아이를 같이 참여시켜도 될 만한 프로젝트를 가려 보길 권한다. 아이가 관심 있어 하는 것부터 시작해라.

1단계. 당신이 지금 하는 일을 왜 하는지 따져 보고 아이에게 얘기해 주어라.

☐ 당신의 일은 누구를 위한 것안가?
☐ 성취하려는 목표는 무엇인가?
☐ 사람들에게 어떤 도움을 주고 있는가?

2단계. 동료들이 성취하려는 목표를 파악해 보고 아이에게 얘기해 주어라.

☐ 업무와 관련된 사람들과 그 관련자들의 책임
☐ 업무 관련자들이 일을 완수하기 위해 협력하는 방식
☐ 어떤 사항이 완수되지 않았을 때 발생할 일
☐ 각 사람이 회사의 더 큰 목표에 기여하는 방식

3단계. 아이가 목표의 성취에 도움을 줄 수 있는 방법을 이해시켜 준다. 다음과 같이 해 보면 좋다.

☐ 큼지막한 종이에 당신의 역할을 정리해 보자. 당신이 하고 있는 일을 전부 적어 봐라 (화살표를 그려서 어떤 행동이 다른 행동이나 다른 상호 의존성과 어떻게 이어져 있는지 표시해 봐라).
☐ 들어가는 노력과 결과를 얘깃거리로 삼아, 당신이 당신의 할 일을 잘하려면 어떻게 해야 하는지에 대해서도 얘기해 본다.
☐ 당신이 하고 있는 영역별 모든 활동을 세밀한 업무로 분해해 본다.
☐ 아이의 흥미를 자극하거나 아이가 유난히 많은 질문을 던지는 영역이 없는지 유심히 살펴본다.
☐ 아이가 당신을 도와줄 수 있을 만한 업무를 골라 본다.

4단계. 아이가 도와줄 수 있는 업무 영역을 찾으면 다음에 대해 얘기해 본다.

☐ 업무를 이행하기 위해 필요한 기량들
☐ 어떻게 해야 일을 잘 마치고 어떻게 하면 일을 제대로 못 끝내는지에 대한 부분
☐ 아이가 일을 잘 해내리라는 신뢰를 얻을 수 있는 방법

· 내 아이를 위한 1퍼센트의 비밀 _____

아이들에게 부모가 하는 일을 이해시켜 주기 위해 가장 중요한 일은 가능한 한 명확히 인식시켜 주는 것이라고 생각한다. 마케팅, 기획, 고객 관리, 창작, 적임자 고용 등등 아이에게 당신이 하고 있는 모든 업무 활동에 대해 얘기해 주어라. 아이가 어떤 활동에 재미나 흥미를 느낄지는 모르는 일이니 가능한 많은 활동을 접하게 해 주어라. 그러면 아이는 특정한 영역에 흥미를 자극받거나 진로를 꿈꿀 수도 있고, 자신의 사업을 세우고 운영한다는 생각에 마음이 끌릴지도 모른다.

테사 메이 마(Tessa May Marr), 매드 미디어(Mad Media)

올여름에 나는 출근하면서 다섯 살짜리 아들을 회사에 데리고 다녔다. 아들은 자기도 아빠처럼 일하러 간다는 생각에 신나 했다! 언젠가부터는 미리 정한 수고비에 합당하게, 아들이 해야 할 1일 업무를 뽑아 알려 주었다. 말하자면 직원들에게 시키는 대로 일을 하게 한 셈이다. 아이에게 회사의 다른 사람들을 위해 해결해 줄 만한 문제를 생각해 보게 하기도 했다. 직원들에게 바닥을 닦거나 쓰레기통을 비워 주겠다고 묻는 일 같은 작은 일이었다. 아이에게 남의 문제를 해결해 줄 방법을 생각해 보게 하는 것은 기업가처럼 생각하게 해 줄 첫 단계다.

커트 도허티(Curt Doherty), CNC 머신스(CNC Machines)

내가 아주 어렸을 때 아버지는 직장 생활에 힘들어했다. 지역의 부동산 관리 회사에 들어가 20대 때 승진을 이어 가다 부사장까지 올라갔는데도 불행한 기분을 느꼈다. 그래서 매일 점심 휴식 시간 때마다 차를 몰고 포틀랜드 주변을 돌며 구입할 만한 부동산을 찾다가 한 파트너와 함께 서서히 투자를 시작했다. 아버지는 내가 일곱 살이던 서른다섯 살에 퇴사했고, 그 뒤로 나는 아버지가 다른 삶을 사는 모습을 지켜보았다. 아버지는 새롭게 모험을 시작해 임대주로 작은 사업을 운영하면서, 나에게 세입자와 계약자들에게 보낼 크리스마스카드를 만들고 발송하는 일 같은 아르바이트거리를 주며 유년기 동안 내가 키워야 할 장점을 살려 주었다.

첼시 콜(Chelsea Cole), 어 덕스 오븐(A Duck's Oven)

의사소통 능력
소셜 미디어를
관리하라

SNS 대행사의 단골 고객 중에는 아동 실내 놀이터를 운영하는 가족이 있습니다. 상호가 리틀 그린 프로그 카페(Little Green Frog Cafe)인데, 사장인 벤은 아이들을 이 가족 사업에 동참시키려는 의지가 확고합니다. 모든 일의 작동 방식을 이해하는 측면에서나, 책임을 맡을 수 있는 일에서 한 역할을 담당하는 측면에서 앞으로 아이들에게 이익이 될 것이라는 판단에 따른 것이지요.

SNS 대행사에서는 벤의 가족과 카페의 개업 행사를 기획하면서 벤의 자녀 4명을 SNS 업데이트에 동참시킬 방법을 같이 생각해 봤습니다. 아이들 모두 그동안 어머니의 페이스북 계정에 들어가 봐서 사적인 의미에서는 페이스북에 익숙했지만, 카페의 홍보를 위해 SNS를 활용하는 것은 별개의 문제였지요. 그래서 우리는 다음과 같은 아이디어를 생각해 냈습니다.

첫 번째로는 카페 사진을 찍게 했습니다. 이 일은 카페 사진을 보고, 와 보고 싶은 마음이 들게 유도하는 활동인 만큼 고객 유치의 개념과 연계됩니다. 우리는 새로운 고객을 끌어들이려면 어떤 사진을 찍어야 하고, 누가 사진을 찍을지에 대해 논의했습니다.

두 번째로는 새로운 소식을 알리는 일을 맡겼습니다. 우리는 새로운 메뉴, 새로운 놀이 공간, 새로운 장난감 등 새로운 정보를 올리면 SNS 팔로워들이 흥미를 보인다는 점을 아이들에게 이해시켜 주었습니다.

세 번째로는 아이들에게 개구리 사진을 찾게 했습니다. 카페의 이름과 테마가 개구리여서 개구리를 주제로 흥미를 일으킬 만한 방법을 논의했습니다. 그렇게 의견을 나누다 보니 유명한 개구리, 귀여운 개구리 사진, 개구리와 관련된 사실, 영화 속에 등장하는 개구리 등등 개구리와 연관된 게시물의 아이디어가 많이 쏟아졌습니다.

아이에게 SNS를 운용할 수 있는 분위기는 다음처럼 조성해 주면 됩니다. 먼저 사업의 작동 방식, 사업의 목적을 얘기해 주고, 가급적 실제 일터도 체험시켜 준 뒤에 고객을 끌 방법에 대한 이야기를 꺼냅니다.

주변에서 보이는 마케팅의 실례에 주목하면서 마케팅의 개념에도 눈뜨게 해 줍니다. 가령, 광고판을 보며 "저 광고의 메시지는 무엇일까?", "어떤 사람들을 끌려고 만든 광고일까?", "저 광고판의 광고가 괜찮은 것 같아, 아닌 것 같아? 왜 그렇게 생각하는데?"와 같이 물어봅니다. 마케팅 전문 용어를 알려 주는 것도 좋습니다. '콜 투 액션'이나 '가치 제안(value proposition, 소비자의 욕구를 충족시키기 위해 제공하겠다고 약속한 편익 혹은 가치의 집합-옮긴이)', 제품의 '특징과 편익' 같은 마케팅 용어를 가르쳐 주면서 그런 예를 알아보는 것을 게임처럼 해 봅니다. 라디오나 텔레비전에 나오는 광고를 주제로 의견을 나누어도 봅니다. 신문과 잡지를 읽으면서 광고와 기사를 구별하도록 알려 줍니다.

SNS에서 자주 접하는 브랜드 몇 개를 살펴보고 이야기를 나눠 보며 광고에 대해 이야기합니다. 예를 들면, '이 브랜드에서는 어떤 정보를 줄까? 무엇을 알려 주려고 하는 것 같아? 이런 정보를 보내는 목적은 무엇일까? 이런 정보를 받는 게 좋을까?'처럼 말할 수 있습니다.

밖에 나가면 휴대폰을 들여다보는 사람들을 많습니다. 아이와 함께 사람들이 휴대폰으로 무엇을 하고 있는지 주목해 봅니다. 십중팔구 SNS를 하고 있겠지요. 이런 사람들의 경향이 SNS 알림을 보내는 브랜드들에 어떤 의미를 가질지 아이와 같이 얘기해 보면 좋습니다. 더 들어가서 SNS 업데이트의 소비와 SNS 업데이트의 생산의 개념을 비교해서 알려 주며, 하나는 사업을 성장시킬 수 있고, 다른 하나는 그냥 시간만 허비하기 쉽다는 점을 아이가 이해하도록 시킵니다.

지금까지 나온 이야기를 부모가 하는 일이나 아이에게 친숙한 브랜드와 연관 지어 얘기해 보면 이해가 빠릅니다. 사업체에서 SNS를 활용하는 이유를 확실히 이해시켜서 아이가 구체적으로 얘기해 볼 수 있도록 유도합니다.

아이와 함께 실전 연습 🏋

아이가 SNS를 관리하는 요령을 익힐 수 있도록 방법을 알려 준다.

☐ 가명의 상호로 트위터 비공개 계정을 열어 그 회사의 대표자인 것처럼 마음껏 트위터를 해 보게 한다. 회사의 업종 선택에서 창의력을 발휘해 보게도 해라.

☐ 아이와 SNS 게시글의 기획에 대해 얘기하면서, 아이가 SNS 게시글 내용을 매일 다른 주제로 채울 수 있도록 틀을 같이 세워 본다.

☐ 사진을 통해 회사를 상징적으로 보여 줄 방법에 대해 얘기해 본다. 아이가 사진 촬영에 관심을 보인다면 상업 사진 쪽에 관심을 키워 줘라. 구매 욕구를 자극할 만한 이미지가 무엇일지도 얘기해 봐라.

☐ 앞에서 하루의 일을 일기로 써 보라고 했던 얘기를 떠올리며 아이가 여행이나 라이프 스타일이나 음식을 다루는 블로거라고 상상해 보도록 한다. 다른 사람들의 흥미를 자극해 읽어 볼 만한 글로 전환시키려면 어떻게 하면 될지 논의해 본다. 개인적인 글쓰기와 상업적 글쓰기의 차이점을 이해하는 것이 SNS 관리의 열쇠라는 것을 알려 준다.

· 내 아이를 위한 1퍼센트의 비밀 _____

　현재 나는 우리 집 가업의 창업자다. 회사명은 할머니 이름인 도리타를 따서 지었다. 나는 직장 생활을 하다 사업을 시작하면서 아이들도 동참시켜야겠다고 결정했다. 첫 번째 이유는, 아이들이 내 전직에 따라 예전에 내가 직장에 다닐 때 자신들에게 익숙했던 생활 방식에 어떤 영향이 미치는지 이해시키기 위해서였다. 두 번째는, 나와 남편의 일이 잘되도록 아이들이 도와줄 수 있게 해 주려는 것이었다. 이후로 열다섯 살 큰아들과 열세 살 작은아들은 내 페이스북, 인스타그램, 유튜브 계정의 운영을 도와주었고 얼마 전부터는 내 SNS에 올릴 동영상 촬영 요령도 익히고 있다. 나는 나중에 아이들이 SNS에 집착하게 되더라도 그 시간을 유용하게 쓸 수 있길 바란다.

조세핀 캐미노스 오리아(Josephine Caminos Oria),
라 도리타 쿡스 키친 인큐베이터(La Dorita Cooks Kitchen Incubator)

　나는 큰딸이 아홉 살 때 생애 첫 사업을 시작해 보게 도와줬는데 그 일로 얻은 이로움은 이루 헤아릴 수 없을 정도다. 딸은 학교생활을 더 잘하고 자존감도 높아졌다. 함께 재미있는 프로젝트를 벌이며 유대감도 쌓고 있다. 그때 이후로 나는 모든 아이들을 기업가적 활동에 참여시키고 있다. 현재 아이들은 다 같이 합세해 생애 첫 팟캐스트를 만드는 중이고, 이제 열 살이 된 아이는 아동 도서를 리뷰하는 웹 사이트를 운영하고 있으며, 일곱 살짜리 아이는 얼마 전에 막 유튜브 채널을 개설했다.

멕 브런슨(Meg Brunson), 패밀리프러너 팟캐스트(FamilyPreneur Podcast)

우리가 아이들에게 요리를 가르치는 일을 하고 있다 보니, 우리 집 아이들도 내 사업에 동참하고 있다. 아이들은 자주 인스타그램 스토리에 등장하고 라이브 텔레비전에도 나와서, 사람들 앞에서 말하는 것에 익숙해졌다. SNS에 사람들이 단 댓글을 보기도 하는데, 그것이 아이들의 자신감을 키우는 데 도움이 되는 것 같다. 열한 살인 딸은 1주일에 한 번씩 SNS 통계를 도와주고 있고, 열네 살인 아들은 동영상을 편집해 준다. SNS에 올릴 동영상의 편집에 아주 열심인 아들은 최근엔 간결하게 편집하는 고도의 기술을 익혔다. '더 짧게, 더 짧게, 더 짧게!'가 요즘 우리가 동료들에게 계속 받고 있는 피드백이다. 소셜 미디어상에서 집중하는 시간은 그리 길지 않은 만큼, 아들은 여기에 맞춰 꼭 필요하지 않은 순간은 모두 가차 없이 잘라 내야 한다.

케이티 킴볼(Katie Kimball), 키친 스튜어드십 엘엘씨 및 키즈 쿡 리얼 푸드 이코스
(Kitchen Stewardship LLC and the Kids Cook Real Food eCourse)

경제력
돈을 직접
벌어 보게 하라

클레버 타이크스 팟캐스트를 통해 웹 사이트 레이티스트 프리 스터프(Latest Free Stuff)의 창업자 디팩 테일러(Deepak Tailor)와 인터뷰를 하던 중, 사이트 개설의 영감을 어떻게 얻었는지 물었습니다. [58] 어릴 때 이베이를 알게 되어 집 안 여기저기에 굴러다니는 필요 없는 물건을 팔아 돈을 벌 수 있겠다는 깨달음을 얻은 것이 계기였다고 합니다. 테일러는 처음엔 중고 물품 자선 가게에 물건을 가져다주거나, 다락에 치워 놓으려던 물건을 파는 식으로 작은 규모로 시작했습니다. 사진을 찍고 설명을 달아 올렸더니 사겠다는 사람들이 전국 곳곳에서 나타나 놀랐지요. 테일러의 어머니는 아들 덕분에 집 안이 깔끔하게 정리되어 만족스러워했고, 자신에겐 필요 없는 물건이 다른 누군가에게는 소중한 물건이 될 수 있다는 사실에 흥미를 느끼기도 했습니다.

그 당시만 해도 이베이가 가장 인기 사이트였지만 현재는 온라인 판매의 선택안이 다양하며, 대부분 온라인 판매와 연관된 활동을 하고 용어를 익히기에 안전한 편입니다.

이처럼 온라인에서 물건을 판매하는 경험을 하려면 몇 가지 방법을 사용해 보십시오. 우선, 필요 없는 물건을 정리하거나 차고 세일을 하려는 이웃을 찾아보고 정리할 물건들을 온라인에 올려 보자는 동업 제안을 할 수도 있습니다. 그런 이웃을 찾으면 수익 분배율에 합의하고 스프레드시트로 팔 물건들과 판매 가격을 정리해 보게 합니다. 나이대가 좀 있는 아이라면 패션이나 글쓰기나 예술 분야 등의 창작물을 엣시, 이베이, 아마존, 디팝(Depop)에 올려 보는 도전을 할 수도 있습니다. 아이와 같이 그런 사이트를 찾아보면서 "네 스토어가 어떤 물건을 파는 곳으로 보이면 좋겠어?", "여기에서 네가 직접 만들어서 팔 수 있을 만한 건 없을까?"와 같이 물어봅니다.

만들어서 팔 만한 물건을 생각할 때는 엣시 같은 사이트를 둘러보는 것만으로도 상상력을 깨울 수 있습니다. 엣시의 판매자들이 올리는 상품은 벽 장식, 쿠션, 화분, 업사이클(쓸모없거나 버려지는 물건을 새롭게 디자인해 질적·환경적 가치가 높은 물건으로 재탄생시키는 재활용 방식-옮긴이) 가구를 비롯해 수천 종에 이르기 때문입니다.

실제로 물건을 팔아 보는 경험은 꼭 온라인상이 아니어도 됩니다. 트렁크 세일이나 벼룩시장을 활용하는 선택안도 있지요. 직접 대면 판매의 장점은 현실에서 수요와 공급을 실시간으로 체험하며 다른 사람들의 필요성이나 협상에 대해 알아 간다는 점입니다. 이런 식의 판매는 대인 관계 기술을 연습하고 자신감을 키울 아주 좋은 기회가 되기도 하지요.

다음은 직접 대면 판매를 연습하기 위한 단계입니다.

- 근방에서 열리는 트렁크 세일이나 벼룩시장 정보를 조사해서 달력에 표시해 둔다.
- 판매 장터에 갈 때 가져갈 물건들을 미리 챙겨 둔다. 필요 없는 물건을 구분해 상자나 특정 장소에 따로 모아 놓으면 된다.
- 준비물을 잘 챙긴다. 탁자, 옷 걸어 둘 행거, 가격표, 쇼핑백, 거스름돈 등등 필요한 것들을 꼼꼼히 생각해서 목록으로 정리해 두어라.
- 구매자들의 마음을 더 끌 만한 상품 소개 방법을 생각한다.
- 판매하러 나가기 전에 그곳에서 벌어질 만한 일들을 논의하면서 가격 실랑이를 비롯한 여러 대화 상황에 대비한 역할극을 해 보아라.
- 메모장을 가져가서 쓴 돈과 번 돈을 전부 기록한다. 물건을 팔아서 번 돈뿐만 아니라 입장료, 점심값까지 하나도 빼놓지 말고 적어라.
- 이 단계들이 아이에게 너무 버거울 것 같다면 처음엔 가서 구경만 해 보게 하면 된다. 가서 가판대 설치 방식과 상품 진열 방식, 사람들이 주고받는 말들과 판매자들이 고객을 끌어 물건을 파는 요령 등을 눈여 겨보게 해 주어라.

이베이에서 물건을 파는 일에 흥미를 붙여 줄 방법을 알아보자.

☐ 필요 없는 물건을 찾아서 상자나 특정 장소에 보관해 두었다가 판매할 기회가 생길 때 빠뜨리지 않고 챙기게 해 둔다.

☐ 해당 판매 사이트를 같이 둘러본다. 집에 있는 같은 종류의 물건을 다른 사람이 올린 것을 보면서 얼마나 많이 팔렸는지 확인한다('Completed listings'을 클릭해 15일 이내 판매가 종료된 상품들을 보면 된다).

☐ 아이와 같이 시간을 따로 내서 물건 5개 올리기를 목표로 삼아 해 보아라.

☐ 이후에 일어날 상황에 대해 '올린 물건이 팔리면 구매자에게 어떻게 보내 줄 생각인가?', '올린 물건이 팔리지 않으면 그 물건을 어떻게 할 계획인가?'라며 이야기한다.

☐ 물건을 팔아 번 돈을 어떻게 할지 정한다. 그 돈으로 당일치기 여행을 가도 좋고 외식을 할 수도 있다.

잉그바르 페오도르 캄프라드

Ingvar Feodor Kamprad

이케아(IKEA)의 창업자

"일을 하면서 걷잡을 수 없는 열정을 느끼지 않는다면 삶의 최소한
3분의 1을 헛되이 낭비하는 셈이다"[59]라는 명언을 남김.

캄프라드의 어린 시절에 캄프라드의 할아버지가 운영하던 회사가 파산 직전에
이르러 대출금 상환에 어려움을 겪다 급기야 세상을 등지고 말았다. 하지만 캄프라
드의 할머니는 어렵게 어렵게 회사를 살려 냈고, 그 과정에서 손자에게 의지력과 끈
기로 난관을 돌파해야 한다는 교훈을 가르쳐 주었다. 할아버지가 세상을 떠나기 전
에 캄프라드는 할아버지와 사이가 가까웠다. 할아버지의 심부름을 자주 했고, 할아
버지는 손자에게 상상력을 북돋아 주며 불가능한 일은 없다는 믿음도 심어 주었다.

캄프라드는 여섯 살 때 성냥을 팔며 커리어의 첫발을 뗐다. 열 살 때부터는 자
전거를 타고 동네를 돌며 크리스마스 장식품, 생선, 연필을 팔았다. 열일곱 살 때는
공부를 잘한 상으로 아버지에게 돈을 받기도 했다.

"나는 아주 어릴 때부터 사업 활동을 펼치기 시작했다는 점에서 사업계의 다른
사람들과 좀 다른 것 같다. 스톡홀름의 일명 '88외레' 장터에서 나는 숙모의 도움으
로 생애 처음으로 성냥 100갑을 샀다. 성냥 100갑의 가격은 88외레였고 숙모는 우
편 배송비도 대신 내주었다. 그 뒤에 나는 성냥을 한 갑에 2외레나 3외레에 팔았고
일부는 5외레에도 팔았다. 첫 수익을 냈을 때의 그 흐뭇하던 기분이 아직까지도 기
억에 생생하다. 그때 내 나이는 겨우 다섯 살이었다"[60]

캄프라드는 사업을 하는 훈련을 받은 적이 없고, 난독증이 있어서 사업과 관련
된 책을 읽지도 않았으며, 고등학교를 중퇴했지만 대학교 학위를 열정으로 대체했
다. 시간을 최대한 활용하였으며, "10분 동안에도 아주 많은 일을 할 수 있다. 10분
은 한번 가 버리면 다시 오지 않는다. 삶을 10분 단위로 나눠 의미 없는 활동으로
버리는 10분을 최대한 줄여라"[61]라고 말하기도 하였다.

· 내 아이를 위한 1퍼센트의 비밀 _____

내 아이들은 모두 기업가가 되는 것에 관심이 많다. 딸은 바느질에 열의가 있어서 나는 딸이 고등학교에서 패션을 공부하게 진로를 잡아 주고 재봉틀도 사주었다. 딸이 자신의 창작품으로 해 볼 수 있는 여러 선택안을 장려해 주면서 딸의 노력을 응원해 주려 애쓴다. 그 일환으로 판매도 장려해 주어서, 딸은 곧 엣시 계정을 개설할 계획이다. 나는 딸이 열심히 노력해야 할 필요성과 잘 풀리다가도 실패가 따를 수 있다는 점을 알게 해 주는 부분에도 늘 신경 쓴다.

앨리나 프레이리(Alina Freyre), 테이블 오브 스위츠(Table of Sweets)

남편과 내가 둘 다 작은 사업체를 운영하다 보니, 아들도 자연스럽게 사업 운영에 흥미를 갖게 된 것 같다. 아들이 우리가 하는 일을 체득해 가는 수준도 우리의 생각을 뛰어넘는다. 우리가 중고품 거래 앱 렛고(Leg Go)에 오래된 장난감을 올리는 방법을 가르쳐 주었더니 아들은 직접 사진을 찍고 가격을 정했다. 나는 아들에게 상품 설명도 직접 달아 보게 했다. 우리는 아들과 가격 매기는 것에 대한 얘기를 나누기도 하고 거스름돈 주는 것도 연습시킨다.

스테이시 크란차르 톰(Stacie Krajchir-Tom), 더 방갈로 PR(The Bungalow PR)

나는 학교에서 아이들에게 특정 기업가 기량을 가르치고 있다. 먼저 팀을 나누어 크리스마스 마켓(Business Club) 같은 판매 행사를 기획한다. 팀의 이름과 로고를 고안하고 재무 관리자, 창작 관리자, 생산 관리자 같은 특정 직무도 정한다.

그런 다음엔 잠재 고객(행사에 참석하는 아이들과 어른들)에게 알맞은 상품을 찾기 위한 시장 조사를 벌인 후, 대출을 신청해야 한다. 양식을 작성한 후 한 어른에게 돈을 요청하며 묻는 질문에 답변하는 식이다. 최대 대출액은 100파운드다. 이렇게 대출받은 돈으로 각 팀원이 판매대에 진열할 상품을 조사하고 구매하는 책임을 수행한다.

동아리 판매 상품을 광고하기 위해 아이들은 포스터, 트위터 게시글, 발표회를 구상한다. 행사 당일에는 판매대 운영 전체를 스스로 맡아 해낸다. 손님들에게 말을 걸고 돈을 받고 거스름돈을 주는 일을 다 알아서 한다. 판매대를 세우고 정리하는 일은 물론이고, 상품을 소개하거나 손님을 끌 방식의 구상도 스스로 해야 한다. 행사가 끝나면 팀원들은 수익금을 계산해 대출금을 상환하기도 하고, 자선 단체에 기부하기도 한다. 이 과정이 끝난 뒤에는 남은 수익금은 팀원들끼리 나누어 가진다. 가장 많은 수익을 낸 팀에게는 애쉬브리지 엔트리프리너 트로피(Ashbridge Entrepreneurs Trophy)도 수여된다.

카렌 메타(Karen Mehta), 애쉬브리지 인디펜던트 스쿨(Ashbridge Independent School)

공감력
상대의 마음을
들여다보게 가르치라

    구매와 판매가 수반되는 사업 모델은 개념화하기가 쉽습니다. 실체 있는 상품과 돈을 맞바꿔 보는 경험과 판매의 비용과 수익을 계산해 보는 것은 사업의 이해 기반을 잡기에 아주 좋은 출발점이지요. 자선 기금 행사로 바자회를 여는 학교에서도 대체로 아이에게 비싸지 않은 상품을 사고파는 경험을 접하게 해 줍니다. 기본적인 경제 교육에서는 물건을 사고파는 것을 사례로 듭니다. 레모네이드 가판대 같은 사례들이지요. 하지만 서비스 기반 사업을 이해하려면 완전히 다른 차원에서 접근해야 합니다. 서비스에 대한 대가의 지불은 대체로 시간과 전문성이나 특정 임무의 완수를 돈으로 교환하는 것입니다. 수익을 내려면 그만큼의 자원이 투입되어야 하지요.

클레버 타이크스 시리즈의 첫 번째 이야기인 《워크 잇 월로우》에는 개 산책 사업 이야기가 나옵니다. 서비스의 제공은 아이가 처음 일을 체험해 보기에 무난한 첫걸음이 될 수 있습니다. 나이에 맞추어 집안일, 아기 보기, 정원 손질, 동네에서 세차 아르바이트 등으로 시간과 돈을 교환하는 경험을 해 볼 수 있지요. 월로우의 이야기에서는 규모의 개념도 소개하고 있습니다. 월로우는 한 번에 한 마리씩만 개를 산책시켜야 하는 제약을 받지 않아서, 벌 수 있는 돈에도 제약이 없지요. 게다가 친구에게 도와 달라고 해서 개 산책 사업을 확장하면 어떨지를 살펴보기도 하지요.

저는 어렸을 때 이웃집에서 베이비시터 일을 해 주고 시간당으로 돈을 받았습니다. 그 집 가족은 가끔씩 저녁에 다른 가족과 외출을 했는데, 그런 날에는 봐 줄 아이들이 두 배로 늘어 받는 돈도 두 배가 되었지요. 서빙 아르바이트를 했을 때는 시급을 받았지만, 일이 능숙해질수록 팁을 더 많이 받았습니다. 사업주처럼 생각하려면 시간당 급여 개념에서 탈피해 성과에 기반하거나 확장성을 고려한 급여 개념을 가져야 하며, 그래야 서비스에 대해 얘기해 볼 수 있는 계기가 생깁니다.

베스트셀러 《생산성 있는 닌자가 되는 법(How to Be a Productivity Ninja)》의 저자 그레이엄 앨콧(Graham Allcott)은 저와 인터뷰하는 중에[62] 친구와 돈을 받고 이웃 사람들의 차를 닦아 주었던 때의 경험담을 들려주었습니다. 두 사람은 바퀴와 지붕같이 세차하기 까다로운 부분까지 광이 날 만큼 깨끗하게 세차되길 바라는 고객들의 기대치를 금세 간파했습니다. 그래서 체계를 세워 기대치에 부합하는 세차를 최대한 신속히 끝낸 뒤, 차를 맡긴 고객에게 다시 가서 세차비를 받았지요. 그런데 두 사람이 세차를 너무 빨리 끝내니까 제대로 깨끗하게 닦인 게 맞는지 의심하는 고객이 가끔 있었습니다. 그레이엄은 바로 그 해결책을 터득해, 고객이 세차 시간과 만족감을 연관 지을 일이 없게, 먼저 모든 차를 세차해 그날의 일을 다 마친 다음에 세차비를 수금하는 식으로 방법을 바꿨습니다.

─────────────────────────────── 아이와 함께 실전 연습 ⛷

☐ 아이에게 이웃 사람에게 필요한 것이 무엇인지 생각하게 한다. '이웃은 어떤 도움을 필요로 할까?', '어떤 문제에 불만을 갖고 있는가?'처럼 구체적으로 생각한다.

☐ 아이가 가진 자원을 살펴보게 한다(예를 들어, 자전거, 스케이트보드 등). 그런 자원을 어떻게 활용할 수 있을지 함께 고민한다.

☐ 만족스러운 서비스를 제공하려면, 어떤 방식이 되어야 할지 생각한다.

☐ 누구에게 다가가 어떤 제안을 하고, 제공하려는 서비스에 대해 어떤 식으로 청구할지 등을 같이 계획해 보아라.

☐ 이웃이나 친구가 도움이 필요하지 않을 수 있다. 그래도 괜찮다는 것, 거절의 말에 상처받지 않고, 감정적으로 받아들이지 않는 마음을 알려 줘라.

존 폴 디조리아

John Paul Dejoria

헤어 케어 브랜드 폴 미첼(Paul Mitchell) 및 프리미엄 데킬라 브랜드
패트론 스피릿 컴퍼니(Patrón Spirits Company)의 공동 창업자

1980년에 자동차에서 노숙 생활하던 중 700달러를 대출받아
헤어 드레서 폴 미첼과 함께 존 폴 미첼 시스템을 세움.
순자산 가치가 미화로 27억 달러에 이름.[63]

디조리아는 이탈리아 이민자 출신인 아버지와 그리스 이민자 출신의 어머니 사이에서 태어나 로스앤젤레스 인근에서 자랐다. 부모님은 그가 두 살 때 이혼했다. 디조리아의 말에 따르면, 부모님의 이혼 후에 기본적 생존법을 터득했고 여섯 살 때는 이스트로스앤젤레스의 갱단에 들어갔다고 한다. 싱글 맘이던 어머니는 두 아이 모두를 부양할 능력이 안 되어 디조리아 형제는 가까운 아동 보호 시설로 보내졌고 주말에만 어머니를 보러 갔다. 다음은 디조리아의 말이다.

"내 첫 번째 직업은 아홉 살 때 집집마다 다니며 크리스마스카드를 팔았던 아르바이트 일이다. 열 살이던 형과 나는 신문 배달 일도 하며 〈L.A. 이그재미너(L.A. Examiner)〉라는 조간신문을 돌렸다. 4시 정각에 일어나 신문을 돌리고 와서 학교 갈 준비를 했다"[64]

디조리아는 헤어 케어 회사 레드켄(Redken Laboratories)의 말단 직원으로 들어가면서 헤어 케어 분야에 들어서게 되었지만, 안타깝게도 이후에 해고되었다.

· 내 아이를 위한 1퍼센트의 비밀 _____

우리 부모님은 내가 하는 노력을 응원해 주었다. 그래서 내가 무엇인가를 팔려고 하면 사 주었고, 이웃집을 집집마다 돌 때도 같이 가 주었다. 이웃집 문 앞에는 나 혼자 갔지만 복도에서 기다려 주었다. 그렇게 직접 얼굴을 대면하는 '접촉'을 혼자 해 보게 격려 받으면서 나는 사회적 교류의 능력을 키워 눈을 잘 맞추고, 짜임새 있는 피칭을 하고, 모르는 사람과도 편안하게 말을 나누고, (상대방이 무엇인가를 사 주든, 사 주지 않든) 감사를 표할 줄 알게 되었다. 이 모두는 현재 내가 기업가로서 잘 활용하고 있는 역량이다.

로미 타오르미나(Romy Taormina), 프시 밴즈(Psi Bands)

우리 부모님은 어릴 때부터 내가 무언가를 팔 수 있도록 적극 격려해 주었다. 레모네이드, 솜사탕을 팔기도 했고, 한번은 우리 집 뒤뜰에 텐트 여러 개를 쳐 놓고 이용권을 팔려는 시도를 했다가 금세 문을 닫기도 했다.

조슈아 에반스(Joshua Evans), 컬처 컨설팅 어소시에이츠(Culture Consulting Associates)

우리 지역에 필요한 것 중에 수익성 있는 것을 찾아보면서, 내 아이들이 무언가를 팔 수 있도록 지속적인 자극을 준다. 아이들은 지금보다 어렸을 때 우리 도시의 연례 퍼레이드에서 독립 기념일 티셔츠를 만들어 판 적이 있다. 그래서 민무늬 티셔츠와 스프레이 페인트의 비용을 계산해 예산을 짰고 최종 상품의 가격도 정했다. 다 같이 셔츠와 가판대를 만들어 티셔츠를 팔면서 함께 돈을 버는 것에 아주 신나 했다. 그러더니 개 산책 사업, 보도에서 초코칩 쿠키 팔기 같은 또 다른 일을 벌여 보는 것도 생각하게 되었다.

도나 바조(Donna Bozzo), 《초조함 깨부수기(Fidget Busters)》의 저자

나는 뉴욕 서부의 작은 도시에서 자랐다. 그때 아버지의 동료 한 분이 부업으로 농사를 지어서 해마다 꽃이 피는 넓은 꽃밭이 있었다. 열 살쯤 되었을 때 나는 새 야구화를 살 돈을 더 벌 생각 중이었는데, 아버지가 그 동료의 꽃밭에서 꽃을 꺾어다 동네 주변 길가에서 팔아 보면 어떻겠냐고 제안했다. 나는 아버지의 조언을 따랐고 하루의 수고로 63달러를 벌 수 있었다. 그때는 100만 달러라도 번 듯한 기분이었다. 판매의 맛을 본 그 첫 경험은 내 안에 씨앗이 되어, 또 다른 기회를 찾도록 싹을 틔워 주었다.

마이클 위트마이어(Michael Wittmeyer), 제이엠 불리언(JM Bullion, Inc)

협력
여럿이 협동할 때
좋은 점을 알게 하라

세레나 윌리엄스(Serena Williams), 크리스티아누 호날두(Cristiano Ronaldo), 케이티 테일러(Katie Taylor) 같은 현재의 프로 스포츠 선수는 단지 자기 분야의 스포츠 활동만 하지 않습니다. 하나의 브랜드로서 자신을 마케팅하기도 합니다. 특별한 선수가 축적한 이런 세계적 명성이 없어도 경기장 안팎이나 코트나 트랙 경기장이나 무대에서 스포츠 활동을 하다 보면, 쓸모 있는 여러 기량을 꾸준히 쌓을 수 있습니다.

어떤 분야든 팀 스포츠는 팀워크, 소통력, 의사 결정 역량을 키울 수 있습니다. 팀으로 운동을 하다 보면 아이가 압박감을 더 잘 다룰 수 있고, 침착함을 지키며, 공정하게 경쟁하면서 최선을 다할 줄 알게 되지요. 자신이 통제할 수 있는 일에 집중하는 요령도 배웁니다. 이런 기량과 능력은 비즈니스 세계에서도 그대로 통합니다.

아이가 생활 속에서 스포츠로 협력을 알아 가도록 격려해 줄 방법은 다음과 같습니다.

첫 번째, 같이 스포츠 경기를 보는 것입니다. 올림픽을 비롯해 텔레비전으로 중계되는 여러 세계적인 스포츠 대회를 같이 지켜보며, 그 스포츠를 직접 해 보는 얘기를 꺼내 봅시다. 열의가 달아올라 있을 때 그럴 계획을 잡는 게 좋습니다. 해 보기 쉬운 스포츠일수록 습관 들이기 더 쉽지요.

두 번째, 지역의 스포츠 클럽을 찾아가 보는 것입니다. 구글 검색으로 인근의 스포츠 클럽을 찾아보면, 대부분의 클럽에 기본기에 입문하는 맛보기 과정이 마련되어 있을 것입니다. 그냥 한번 해 보는 것이지, 꼭 정기적으로 하지 않아도 된다는 점을 강조해서 첫걸음 떼기의 장벽을 극복해 주세요. 새로운 스포츠를 하면서 거부감이 생기지 않도록 걸음마 떼듯 천천히 진도를 나가면 됩니다.

세 번째, 기대치를 낮춰 주는 것입니다. 특정 스포츠를 하고 있는 사람을 보고 있으면 처음엔 주눅 들 수 있습니다. 이때는 아이에게 무슨 일이든 하다 보면 실력이 늘게 된다고 차근차근 얘기해 주며, 나중에 아이가 수준 높은 선수들만큼 못하리라는 법도 없다고 자신감을 북돋아 주세요.

그밖에 스포츠로 협력을 알아 가도록 격려해 줄 방법을 알아보자.

☐ 다른 목표도 염두에 두기: 스포츠가 꼭 스포츠를 위한 활동일 필요는 없다. 예를 들어, 무예는 호신술을 익히기에 아주 좋다. 스포츠는 가족이 함께 목표를 세워 놓고 그 목표의 달성을 위해 가족 간에 서로서로 격려해 주는 계기로 삼기에도 유용하다.

☐ 스포츠 선수를 화제로 삼기: 스포츠 선수를 롤 모델로 삼으면 해당 스포츠에 흥미를 붙이고 실력을 향상시키려는 동기를 이어 가기에 아주 좋다. 특정 축구 선수나 육상 선수를 화제로 삼아 그 선수들이 일상을 어떻게 보내고, 어떤 연습을 얼마나 자주 하고, 꾸준한 실력 향상을 위해 어떤 노력을 하고, 자신이 하는 스포츠를 얼마나 즐기는지 등을 얘기해 보아라.

☐ 체육을 주요 과목과 똑같이 중요시하기: 학창 시절의 체육 교육을 떠올려 보자. 그때는 시험도, 과제도 없는 과목이라 체육을 중요한 과목으로 여기는 경우가 드물었다. 하지만 체육을 주요 과목과 똑같이 중요하게 여기면, 체육을 무시하지 않는 데 도움이 될 것이다.

아놀드 슈왈제네거

Arnold Schwarzenegger

운동선수, 배우, 정치인

국제 보디빌딩 대회 '미스터 올림피아'와 '미스터 유니버스'를
각각 7차례와 4차례 석권함.

오스트리아에서 자란 슈왈제네거는 학창 시절에 학업은 평균이었지만 활발한 성격으로 두각을 드러냈다고 한다. 자신의 인생철학을 훈육으로 삼았던 아버지 밑에서 자랐다. 슈왈제네거와 형은 아버지의 감시하에 엄격한 일과를 따랐다. 이런 일과에는 운동과 특정 훈련도 들어 있었고, 아침 같은 가족 식사는 윗몸 일으키기를 해서 '벌었다'. 매일의 일과를 마친 후에는 축구도 해야 했다. 그것도 날씨에 상관없이 해야 했고 아버지는 축구를 하다가 실수라도 하면 고래고래 호통을 치기로 유명했다. 1960년에 슈왈제네거는 축구 코치를 따라 근처 체육관으로 갔다가 웨이트 트레이닝에 빠지게 되었다.

슈왈제네거가 《토탈 리콜(Total Recall)》에서 쓴 회고담을 보면, 아버지가 신체만큼이나 두뇌의 훈련에도 강한 신념을 가지고 있어서 이 마을 저 마을 찾아다니며 책을 읽고 연극을 관람했다고 한다.

· 내 아이를 위한 1퍼센트의 비밀 _____

아이들에게 운동을 잘하려면 연습해야 한다는 생각을 심어 주고 있다. 우리 아이들이 그저 참가만 하면 저절로 이길 거라고 생각하지 않았으면 좋겠다. 아이들이 게임에서 지면 우리는 그 경험에서 무엇을 배웠는지 묻기도 한다.

더그 디버트 주니어(Doug Dibert Jr), 매그느파이(Magnfi)

나는 열여덟 살 때까지 친구들과 축구 시합을 벌였다. 우리는 어린 나이치고 많은 성과를 올렸다. 당연히 이런 성과를 올리기 위해 뛰어난 실력을 길렀지만, 그것만이 전부가 아니었다. 헌신과 근면성과 야심도 있었고 몇 명은 현재 미국 메이저리그에서 프로 선수로 뛰고 있다. 우리는 대체로 저녁 시간에 매주 3, 4번씩 훈련을 했고 서로에게 거는 기대치가 상당히 높았다. 그렇게 훈련을 하면서 시간 관리, 책임, 헌신, 팀워크 등의 수많은 가치를 배웠다. 그러한 경험이 없었다면, 나는 성공한 기업가가 되는 데 필요한 생활 기술을 쌓지 못했을 것이다.

제프 리조(Jeff Rizzo), 리즈크나우스(RIZKNOWS LLC)

나는 축구, 크로스컨트리, 트랙 경기 같은 팀 스포츠를 꾸준히 했고 아버지는 좋은 팀원이 되는 것이 삶에 도움이 될 거라고 입버릇처럼 말해 주었다. 우리 부모님은 나에게 기업가로서의 삶에 적합한 자세를 갖추어 주고, 끈기와 임기응변에 필요한 자신감, 위험 감수성, 의욕을 심어 주었다.

페이지 아노프 팬(Paige Arnofe-fenn), 메이븐스 앤 모굴스(Mavens & Moguls)

_____

3장 · 상위 1퍼센트 부모의 차이 나는 생각

계획력
어떻게 일을 할 것인지
생각하게 하라

아무것도 없이 맨 처음부터 사업을 구상해 보면 아주 재미있습니다. 우연히 멋진 아이디어를 떠올렸다가 실제 사업으로 전환할 수 있는 방법을 생각해 보는 일은 제가 가장 좋아하는 여가 활동 중 하나입니다. 아이디어를 사업으로 착수하지 않더라도 그 일 자체를 즐기지요. 사실, 아이디어를 떠올리고 상업적 실행 가능성을 평가하는 일은 사업하는 사람이 하루에도 몇 번씩 하는 일입니다.

아이와 같이 사업 구상을 해 볼 만한 경우는 다음과 같습니다.

· 아이가 어떤 문제를 해결할 기막힌 아이디어를 떠올렸을 때
· 돈을 벌 만한 아이디어를 찾고 있을 때

· 따분해서 무엇인가 할 일을 원할 때

· 직접 해 보고 싶은, 기존의 사업을 살펴볼 때

아이와 함께 이런 연습을 해 보면, 사업이 돌아가는 방식을 더 깊이 이해하게 되고 전략적·상업적 사고력뿐만 아니라 창의력도 키울 수 있습니다. 포부와 구상이 있으면 어떤 성취가 가능한지 느끼며 흥분이 자극될 수도 있지요.

다음 장에서 소개하는 사업 구상 예시는 적합도에 맞춰 단순하게도, 복잡하게도 만들 수 있습니다. 아이가 좋아하는 간식이나 장난감이나 취미같이 사업을 정말로 즐기는 재미거리와 연결 지어 봐도 됩니다. 구상하는 아이디어가 꼭 새로운 아이디어일 필요는 없습니다. 기존의 나와 있는 수많은 아이디어와 같아도 되고, 조금 수정한 업그레이드판이어도 괜찮습니다.

웹 사이트 clevertykes.com/book에서 사업 기획서를 다운로드 받아 보는 방법도 있습니다.

─────────────────────────────── **아이와 함께 실전 연습** ⚲

처음엔 같이 다음 예시 양식을 채워 보길 권한다. 아이가 어느 정도 자신감을 얻으면 그때 아이에게 해 보게 하면서 옆에서 빈칸을 채우게 도와주기만 해라. 아이디어가 떠오를 때 언제든 사용할 수 있게 몇 장 출력해 두면 좋을 것이다.

<사업 구상의 사례>

이름: _____

날짜: _____

사업: _____

이 사업에서 해결해 주려는 문제는 무엇인가?

_____

목표 고객층은 누구인가?

_____

이 상품이나 서비스를 어떤 식으로 판매할 계획인가?

_____

이 사업을 사람들에게 어떤 식으로 알릴 계획인가? [가치 제안, 핵심 메시지 전달, 광고 등의 마케팅 계획]

_____

사업 착수에 필요한 자금은 어떻게 마련해서 그 자금을 어디에 사용할 계획인가? [고정 비용과 가변 비용, 손익 분기점 도달 기간]

_____

상품이나 서비스의 가격은? [생산 비용, 단가별 수익]

_____

· 내 아이를 위한 1퍼센트의 비밀 _____

    기업가인 나는 아이들에게 늘 기업가 정신을 가르치려 애쓰고 있다. 집에서 일을 하고 있어서 아이들에게 내가 하는 일과 그 일에 수반되는 요소들을 보여 주기 쉬운 편이다. 큰아들은 세 살 때 어느 날부터 자기 회사를 세우고 싶다며 큰 관심을 보였다. 우리는 단순한 얘기부터 시작했다. 내가 아들에게 어떤 회사를 차리고 싶으냐고 물었다. 아들은 장난감 트럭을 만들고 싶다고 했다. 그래서 경쟁사와 차별화될 만한 특별한 것이 필요할 거라고 넌지시 말해 주었다. 장난감 트럭을 만들 공장뿐만 아니라, 함께 일할 디자이너를 찾아야 한다는 점도 알려 주었다. 우리는 배송과 소매상을 비롯한 전체 유통 과정에 대해서도 얘기했다. 내가 그 과정을 아이가 알아들을 수 있는 말로 차근차근 얘기해 주자, 아들은 귀가 쫑긋해져서 들었다. 건축에 흥미를 가진 여섯 살 딸과도 비슷한 대화를 나누었다. 두 아이 모두 무엇인가를 만들어 내는 것에 흥미를 가져서 학교에 등하교 시킬 때 이런 대화를 계속 이어 가고 있다.

캐린 안토니니(Caryn Antonini), 얼리 링고(Early Lingo, Inc)

    딸들이 각각 일곱 살과 여덟 살이었을 때 돈을 벌고 싶어 해서 우리는 작은 사업을 시작할 만한 방법을 생각해 봤다. 돈을 벌 수 있는 방법에 대해 자유롭게 아이디어를 내고, 아이들용 기업가 정신 관련 책을 여러 권 읽으며, 〈워런 버핏의 백만장자 비밀클럽(Secret Millionaires Club)〉 애니메이션 시리즈의 모든 동영상을 봤다. 딸들은 직접 만든 수공예 작품을 작은 사업으로 전환시켜, 수공예품을 인근 농산물 직판장에서 팔았다. 덕분에 사업의 여러 측면을 터득했을 뿐만 아니라 바느질, 베틀 짜기 같은 또 다른 기량을 배우기도 했다. 비용을 줄이면 더 높은 수익을 거두게 된다는 점을 알고 나서는 독특한 크리스마스 선물용 수공예품의 아이디어를 제안하기도 했다. 남편과 나는 그 상품을 일정 시기 동안 지역 농산물 직판장에서 크리스마스 선물용으로 팔아 보게 비용을 대 주기로 했다. 가족이 주는 선물로, 그 수공예품을 만들 재료를 주기도 했는데 딸들은 자기들 돈으로 그 외의 재료를 더 샀다. 전반적으로 볼 때 딸들은 이때의 경험을 통해 많은 것을 배우는 동시에, 기부하거나 자신들이 쓰거나 미래의 비용으로 절약해 둘 돈을 벌 수 있었다.

브리짓 브룰즈(Brigitte Brulz), 《취학 전 아동의 일(Jobs of a Preschooler)》의 저자

내 딸은 수제 마스크와 음료에 정말로 푹 빠져 있다. 관련 재료와 그 재료의 장점을 조사하면서 신통한 물건을 만들 준비를 해 나가고 있다. 우리는 딸의 그런 성향을 격려해 주면서 사업성의 분석, 회사 설립, 재료 조달, 사회적 영향 유도에 대해서 가르쳐 주고 있다.

프리티 애드히카리(Preeti Adhikary), 퓨즈머신스(Fusemachines, Inc)

4

자녀에게
물려 주는
평생의 성공 습관

—

If a child is to keep alive his inborn sense of wonder,

he needs the companionship of at least one adult who can share it,

rediscovering with him the joy, excitement, and mystery of the world we live i

아이들이 선천적으로 타고나는 경이로움이 계속 살아 있게 하려면 아이들과 더불어

우리가 사는 이 세상의 기쁨, 환희와 신비로움을 새롭게 발견하며,

그 경이로움을 함께 나눌 수 있는 어른이 최소한 한 명 늘 곁에 있어 주어야 한다.

레이첼 카슨
Rachel Carson, 미국의 해양 생물학자이자 작가

아이는 때때로 어리석은 짓을 하기 마련입니다. 뒷일은 신경 쓰지 않고 행동할 때가 많지요. 물건을 부수고, 들은 대로 거의 다 믿고, 때로는 말도 안 되는 생각을 말하기도 합니다. 자기가 세상을 잘 모른다는 것을 아예 모르고, 아무리 봐도 자기 힘으로는 안 될 텐데도 곧잘 자신감을 뿜어내지요.

그렇다고 제 말을 오해하진 말기 바랍니다. 바로 그런 면이 우리가 아이를 사랑하는 데 큰 비중을 차지하니까요. 우리는 아이의 천진난만함을 사랑합니다. 아이들의 순수한 낙관주의와 당돌함을 사랑하지요. 하지만 부모로서는 아이가 세상을 잘 헤쳐 나가도록, 또 그 과정에서 귀한 교훈을 배우도록 도와줄 의무가 있습니다.

우리는 부모나 보호자나 교육자로서 답을 해 주고, 어떻게 행동할지 알려 주며, 단점을 직접적으로 짚어 주면서 아이들을 지속적으로 바로잡아 줄 수 있습니다. 아이가 스스로 생각하도록 가르치는 고통을 치르느니 그냥 아이를 대신해 생각해 주는 편이 더 쉽고 빠른 길이긴 합니다.

하지만 장기적으로 따지면 아이를 대신해 생각해 주는 것은 바람직하지 않습니다. 부모라면 누구나 아이가 자기를 인식하면서 통찰력을 갖고 세심한 선택을 내리며, 비판적 사고력을 키우고 좋은 습관을 들이기를 바랄 것입니다.

부모로서 당신은 아이에게 답과 방향을 알려 줄지, 아니면 적절한 행동과 생각을 스스로 떠올리게 가르칠지 정해야 합니다. 후자가 바로 멘토링입니다. 멘토링은 이렇게, 저렇게 하라고 지시해 주기보다 질문을 던져 주어 아이에게 틀을 잡아 주는 힘든 일입니다.

저는 10대 시절에 어떤 선생님을 특히 싫어해서 그 선생님의 수업 때는 딴청을 부렸습니다. 어느 날 오후에 아버지가 저를 따로 불러 말했지요. "아빠가 보니까 네가 선생님을 얼마나 싫어하는지 보여 주려고 이 수업에서 낙제하려는 것 같은데, 그게 네 메시지를 전달할 최선책일까?"

아버지와 이야기를 나누며 가만히 생각해 보니, 저는 제가 낙제하든 말든 관심도 없는 선생님에게 무엇인가를 보여 준답시고 스스로 나쁜 성적을 자초하고 있었던 것이죠. 아버지는 "이 과목에서 낙제해도 괜찮아. 하지만 또다시 그래야 할 상황에 처한다면 좌절에 빠지게 될 거다. 다시 같은 선생님을 만나면 특히 더 그렇겠지. 그래도 어떤 선택을 할지는 너에게 달려 있어"라고 말을 이었습니다. 아버지가 신중한 말로 의문을 던져 준 덕분에, 저는 그 상황을 균형 있게 바라보게 되어 그 과목을 통과하는 것이 더 좋은 전략이라는 사실을 깨달았습니다.

인간은 누구나 의사 결정 능력을 타고납니다. 수많은 사람과 함께 일하면서 어려운 선택을 놓고 씨름하는 경우를 종종 보는데, 지켜보다 보면 모든 사람의 머릿속에 세 부분으로 나뉜 뇌가 갇혀 있는 듯한 인상을 받습니다.

첫 번째 부분의 뇌는 제 식대로 말해 '파충류' 뇌입니다. 이 뇌는 분노에 차 있고 성질부리고 흐느끼고 험악하고 공격적이고 두려움에 찬 우리 자신의 일면입니다. 기존에는 뇌의 이 부분이 '투쟁, 도피, 경직' 반응으로 일컬어졌지만 최근에는 '촉발된' 우리의 일부분으로 통하지요. 이 파충류 뇌는 과장과 갈등을 일으켜 성공적 계획이 될 만한 상황을 무산시킵니다.

두 번째 부분은 곧잘 '자동 조종 장치'처럼 보이는 뇌입니다. 생각 없이 SNS를 여기저기 기웃거리거나 차를 운전하면서 다른 생각을 할 수 있는 뇌의 일부분이지요. 아침에 아침 식사를 준비하고, 신발 끈을 묶거나 간단한 이메일에 답장을 쓰는 부분이기도 합니다. 현상 유지를 좋아하는 부분이어서 삶이 시시한 업무와 생각 없는 오락을 중심으로 돌아가면 더없이 행복해할 것입니다.

세 번째 부분은 '기업가' 혹은 '몽상가' 뇌입니다. 뇌의 이 부분에서는 창의성, 전략, 사랑, 공감, 연민, 재치, 영감이 끝없이 솟아오릅니다. 삶의 멋진 모든 것, 즉 최고의 아이디어, 가장 깊이 있는 대화, 어려운 문제에 대한 가장 똑똑한 해결책이 바로 여기에서 나옵니다.

저는 아이들의 미래의 성공이, 결국 이 세 개의 뇌 부분에 달려 있다고 말해도 과언이 아니라고 봅니다. 몽상가적 사고방식을 최대한 활용하고 파충류적 순간이 일어날 때 솜씨 좋게 다룰 줄 알아야 합니다.

아이에게 좋은 멘토가 되어 주기 위한 관건은, 대체로 몽상가적 사고방식에 유리하게 상황을 다시 보아주는 일입니다. 특히 일곱 살 이하의 아이들은 파충류 쪽으로 기울어 거의 어떤 이유로든 생떼를 부리기 마련이지요. 부모는 생떼를 버릇없는 행동으로 봐서 아이를 훈육하려 애쓸 수 있지만, 멘토는 이 생떼를 파충류적 순간을 다루는 요령을 더 잘 배울 기회로 보고 심호흡을 하거나 잠깐 멈추는 등의 방법을 익히게 해 줄 수 있습니다.

아이가 나이를 더 먹으면 필연적으로 아이와 입씨름을 벌이게 됩니다. 침착성을 지키며 더 큰 그림을 볼 수 있다면, 이런 입씨름이 교훈을 가르칠 비옥한 토대가 됩니다. 체스의 그랜드마스터처럼 머릿속으로 당신의 포지션을 확고히 잡는 동시에, 아이에게 자신의 포지션을 더 좋게 가다듬어 필요한 것을 잘 충족시킬 수 있는 방법을 멘토링 해 주어야 하지요.

고집을 부린다고 꾸짖기보다는, 부모가 아이의 고집 때문에 생각을 바꾸든 안 바꾸든지 아이의 고집(끈기)을 존중해 주고 있다는 것을 알게 해 주세요. "내가 전에 뭐라고 대답해 줬어? 내 대답은 그대로야"라고 말하기보다는 "지난번에 얘기했을 때나 지금이나 네가 하는 말이 더 좋아지지 않아서 내 대답은 그때랑 똑같아. 그런데 말을 다른 식으로 해 보면 어떨까? 어떻게 하냐면…"과 같이 미묘한 변화를 주면 아이는 우는소리를 하고 투덜거리면 달라지는 게 없지만, 말을 더 잘하면 달라질 수 있다는 점을 알게 됩니다. 이런 식으로 하면 부모와 멘토의 역할을 두루두루 해 줄 수 있지요.

아이에게 멘토 역할을 해 주는 일은, 부모와 학교 교사들 외의 다양한 교사와 멘토에게 배움을 얻게 해 주는 문제이기도 합니다. 아이가 사업체를 운영하는 가족이나 지인에게 이것저것 물어볼 때 뒤로 물러나 있으면 그렇게 배운 교훈을 내면화하게 해 줄 수 있습니다. 아이가 영웅으로 삼고 있는 누군가에게 이메일을 보내게 격려해 주면, 아이는 성공의 장애물이 자신이 처음 생각했던 것보다 적다는 것을 알게 되지요.

멘토는 실제 경험을 가진 사람으로서, 아직 요령을 터득 중인 사람의 신념과 행동의 틀을 적극적으로 잡아 주고 이끌어 주는 역할을 합니다. 부모나 보호자는 당연히 아이보다 실제 경험이 많고, 그래서 가장 자연스럽게 아이의 멘토가 되어 줄 수 있지요. 하지만 세상은 안전한 환경에서 다음 세대에게 지혜와 지도를 제시해 줄 수 있는, 흥미로운 사람들로 가득합니다.

멘토는 때때로 어떤 상황에서 더 큰 교훈이나 성장 기회를 알아볼 수 있는 사람입니다. 스스로를 멘토로 여기는 부모나 교육자라면 스트레스가 심한 상황도 학습 기회로 전환할 수 있습니다.

아이는 어리석은 짓을 벌이기도 하지만, 적절한 멘토링을 받으면 아주 놀라울 정도로 빠르게 배우고 성장합니다. 노련한 멘토라면 누구나 그렇게 말해 줄 테지만, 사실 멘토링은 일방적인 관계가 아닙니다. 스스로를 아이의 멘토로 생각하는 순간부터 당신은 최선을 다하게 되고 당신 자신에 대해서도 귀중한 교훈을 배우게 됩니다.

저는 열세 살 무렵에 갖고 싶은 자전거 때문에 말도 못하게 떼를 쓴 적이 있습니다. 가게에서 아주 멋진 BMX 자전거를 봤는데 재고가 하나밖에 남지 않았다는 말을 듣자, 그 남은 자전거를 꼭 제 손에 넣었으면 좋겠다는 마음이 들었습니다. 그래서 부모님에게 제 마음에 쏙 드는 이 자전거가 다른 아이의 손에 들어가지 않게 해 달라고 떼를 썼지요.

결국 타협이 이루어졌습니다. 부모님은 저에게 자전거를 사 주되, 제가 자전거 값을 다 갚을 때까지 차고에 넣어 두고 차고 문을 잠가 두기로 했습니다. 자전거를 만질 수도 없었습니다. 고문이 따로 없었지요. 가능한 한 빨리 돈을 갚을 방법을 찾아야 했지요. 그래서 아르바이트거리를 찾아 이웃집의 차와 배수로를 닦아 주고 잔디도 깎고 진입로의 잡초를 뽑기도 했습니다. 그런 식으로 한 달이 걸려 자전거 값을 모았는데, 그때 느꼈던 만족감과 주인 의식은 이루 말할 수 없었습니다.

부모님은 적절한 처신을 한 것이었습니다. 제 바람을 적극적 행동으로 유도해 준 것이죠. 제 '파충류적 순간'을 알아보고, 제가 임기응변을 발휘해 해결책을 찾아 그 해결책을 실행하기 위해 열심히 노력하도록 이끌어 주었습니다. 그런 상황에서는 안 된다고 말하거나, 자전거를 사 줘서 갖게 해 주는 편이 쉬운 선택안이었을 테지만 부모님은 그러지 않았습니다. 멘토가 되어 중요한 교훈이 가득 펼쳐진 길로 저를 이끌어 주었지요.

이번 장에서는 '부모'라는 말과 '멘토'라는 말이 둘 다 명사이자 동사인 이유를 이해하게 될 것입니다. 부모의 자격은 아이가 생기면 자동으로 주어지지만, 부모의 역할을 어떻게 수행할지는 선택할 수 있지요. 이 점을 의식하고 최선을 다해 부모 역할을 적극적으로 펼치면, 아이에게 좋은 모델이 되어 줄 수 있습니다. 아이가 그 인생 경험과 지혜를 보며 당신을 우러러보고 당신은 적극적으로 그런 경험과 지혜를 사려 깊게 전해 주면, 당신은 아이의 멘토가 되는 것입니다.

성공의
이름표를
붙여 주기

최근에 9명 정도의 소녀가 '난 대장 행세하는 게 아니라 리더십이 있는 거야'라는 글귀가 박힌 티셔츠를 입고 있는 걸 봤습니다. 글귀가 마음에 들었습니다. 부정적 어감을 가진 꼬리표와 비교되는 긍정적 꼬리표의 딱 좋은 예였지요.

어릴 때 붙는 꼬리표는 우리를 평생 따라다닙니다. 우리는 잠재의식적일지라도 그 꼬리표를 진짜라고 믿으며 정체성의 일부로 편입시킵니다. 무엇을 잘 못한다는 말을 듣는 아이는 실수를 하면 그 말을 떠올리면서 진짜로 그대로 믿게 되어 결국 말이 씨가 되고 맙니다. 마찬가지로 쓸모없다는 말을 듣는 아이는 그 뒤에 장애물에 부딪치면 더 쉽게 포기해 버릴 수 있지요. 형제를 두고 한 아이는 '학구적인' 아이이고 또 한 아이는 '창의적인' 아이라고 말하는 것이 해가 되진 않겠지만, 인간은 누구나 하나의 특징으로만 규정되는 1차원적 성격을 가지고 있진 않습니다. 학구적인 사람이 창의적일 수도 있는가 하면, 그 반대의 경우도 있지요. 꼬리표를 붙여 사람을 구별하는 것은 유익하지 않을 수 있습니다.

어른인 우리는 자신을 지칭할 꼬리표를 선택할 수 있습니다. 자신에 대한 확신이 있기 때문에 남들이 부여하는 꼬리표를 아이만큼 쉽게 마음속 깊이 새기지는 않습니다.

어머니가 좋아하는 노래 중에 로비 윌리엄스(Robbie Williams)의 '러브 마이 라이프(Love My Life)'가 있습니다. 이 노래의 가사에서는 자신을 힘세고 아름답고 자유롭고 멋지고 마법 같은 사람이라고 말합니다. 당신이 이 모든 면을 갖춘 사람이라고 믿으면, 그런 사람이 될 수 있습니다. 그렇다고 당신 자신이 그 누구보다 우월한 사람이라고 믿으라는 얘기는 아닙니다. 긍정적인 꼬리표를 인정하고 적용하려면, 남에게도 그렇게 해 줄 수 있어야 합니다. 최고의 자신이 될 뿐만 아니라 주변 사람들에게도 그렇게 되게 해 줄 수 있는, 자세의 일관성이 필요합니다. 최고의 자신이라는 얘길 꺼내고 보니, 제가 좋아하는 짐 캐스카트(Jim Cathcart)의 말이 생각납니다. "내가 되고 싶은 그 사람은 내가 하려는 이 일을 어떻게 할까?"[65]

제 친구 시안에게는 이모젠이라는 이름의 두 살배기 딸이 있습니다. 시안이 가만 보니, 딸이 무엇을 하고 있든 남들이 이모젠에 대해 얘기할 때에는 항상 외모에 초점이 맞추어져 있었지요. "예쁘기도 하지", "이 여자애 귀엽지 않아?", "예쁜 공주님 같네" 등 몇 가지 예에 불과하지만 주로 이런 식으로 얘기했지요. 시안은 이런 꼬리표가 금세 이모젠의 내면의 목소리로 자리 잡아, 딸이 외모를 사람의 가장 중요한 특징으로 생각할 수도 있겠다는 생각이 들었습니다. 그래서 지금은 딸의 행동에 힘을 실어 줄 만한 말만 하려고 노력합니다. '강하다' 같은 긍정적 의미의 형용사를 써서 이모젠의 특징을 표현하지요. 딸의 행동을 결과보다는 노력에 초점을 두어 칭찬해 주면서, '열심히 노력한다'거나 '끈기 있다'는 말을 쓰기도 합니다.

───────────────────────────────── 아이와 함께 실전 연습 ⚲

☐ 당신이 꼬리표를 붙이는 순간과 그런 꼬리표가 미래에 미칠 영향에 주의한다.

☐ 아이의 행동에 붙이는 꼬리표와 성격에 붙이는 꼬리표를 분간한다.

☐ 아이에게 무엇을 잘하고 싶거나 어떤 면으로 사람들 사이에 소문나고 싶은지, 중요하게 여기는 게 무엇인지를 물어본다.

☐ 부정적인 꼬리표를 긍정적이거나 열망이 담긴 꼬리표로 뒤집을 수 있는 방법을 생각해 본다.

☐ "수줍어하지 좀 마" 대신에 "자신을 가져"라고 말해 주고, "우물우물 말하지 마" 대신에 "또박또박 말해 봐"라고 말해 주면서 재차 긍정적으로 이야기해 주어라. 그렇게 하면 아이는 방어적으로 느끼기보다 더 좋게 고칠 방법을 알게 된다.

토머스 에디슨
Thomas Edison

발명가이자 기업가

제너럴 일렉트릭을 비롯해 14개의 회사를 세움.
다음의 말을 비롯해 사업과 관련된 명언을 많이 남김.

"나는 실패한 적이 없다. 잘되지 않는 방법 10만 가지를 발견했을 뿐이다"
"더 잘할 방법은 있다. 그것을 찾아라"
"우리의 가장 큰 약점은 포기하는 것이다. 성공의 가장 확실한 방법은
언제나 한번 더 시도해 보기다"[66]

에디슨은 7남매 중 막내로 태어났다. 집요하게 질문하고 지나칠 만큼 산만하게 행동해서 학교에서 다른 아이들과 잘 지내지 못했다. 에디슨이 학교에 다닌 지 12주 정도 지나자 성마른 성격이던 담임 교사는 인내심을 잃고 말았다.

에디슨은 회고담에서 "어머니가 나를 만들었다 (중략) 어머니는 언제나 진심으로 나를 굳게 믿어 주었고 (중략) 언제나 나에게는, 그 사람을 위해 살며 실망시켜서는 안 될 누군가가 있다는 것을 느끼게 해 주었다"라고 말했다.[67]

에디슨의 어머니이자 실력 있는 학교 교사였던 낸시 에디슨은 아들의 강인한 성격과 남다른 신체적 외모 자체가 특출한 지력의 징표라고 확신하고 집에서 아들을 가르치기로 결심했다. 에디슨은 초기 교육의 대부분을 알지 파커(RG Parker)의 과학 교과서《자연 철학 학교(School of Natural Philosophy)》를 보고 습득했고 화학 강의를 듣기 위해 쿠퍼 유니언 대학교(The Cooper Union for the Advancement of Science and Art)에 들어가기도 했다.

열두 살 때는 이제는 일을 해도 될 만한 때가 되었다고 부모님을 설득한 뒤, 열차에서 사탕과 신문을 팔아 돈을 벌기 시작했다. 야채도 팔았다. 열세 살 때쯤엔 매주 50달러의 수익을 내서 그 돈 대부분을 전기와 화학 실험 장비를 사는 데 썼다.

· 내 아이를 위한 1퍼센트의 비밀

내가 자랄 때 어머니는 나를 '우리 보스'라고 부르고는 했다. 내게 똑똑하다는 말도 자주 해 주었다.

앨리샤 화이트(Alicia White), 프로젝트 페탈스(Project Petals)

아버지는 (잠깐 하다 말더라도) 내 창의적인 활동을 한결같이 격려해 주며 '끈기 있다'거나, '강한 리더감'이라거나, '똑똑하다'와 같은 말을 했고, 이런 말들은 내 안에서 굳게 자리잡았다. 지금까지도 아버지는 (그런 점에서는 어머니 역시!) 머릿 속으로 새로 떠오른 아이디어를 이리저리 따져 보며 실행시키려고 애쓸 때 찾게 되는 사람이다.

첼시 콜(Chelsea Cole), 어 덕스 오븐(A Duck's Oven)

아침마다 학교에 가려고 집을 나설 때 어머니는 "잘하고 와!"라는 말로 격려해 주었다. 그 말은 "즐거운 하루 보내!"라는 말보다 실력 발휘를 하는 데 더 격려가 되었고, '두각을 나타내는' 것이 나에게 달려 있다는 점을 매일 확실하게 일깨워 주었다.

카렌 켈레허(Caren Kelleher), 골드 러시 비닐(Gold Rush Vinyl)

돈은
어떻게 버는지
가르치기

어느 날 아들이 "돈은 어떻게 벌어요?"라고 물었을 때, 재정적 풍요로움과 창의성을 위한 논조를 세우기에 좋은 답변을 해 주었습니다.

"음, 돈을 버는 방법은 아주 많아. 사방에 돈을 벌 온갖 기회가 널려 있어. 저 밖으로 나가면 돈이 아주 많아. 지금 시대는 그 어느 때보다도 돈이 많아. 가끔은 집 주변에만 있는 돈도 있어. 운이 좋으면 소파 뒤쪽 바닥에서 돈을 좀 찾을 수도 있지. 엄마를 도와주는 일을 해 줄 수도 있지만 무엇인가를 만들어 볼 수도 있어. 그러니까 아빠가 네가 만든 책이나 그린 그림을 돈을 주고 가지고 싶어 하면, 내가 너한테 그걸 살 수 있는 거야. 네가 나를 위해 멋진 그림을 그려 주고 싶다면 내가 1파운드에 살 수 있어. 내가 사면 너는 그림을 나한테 주면 돼.

그러면 이제 그 그림은 내 것이 되고 나는 너한테 돈을 주면 돼. 만드는 사람은 '정말로 내가 무엇인가를 만들어 낼 수 있을까?'라는 생각을 하는 셈이고, 사는 나는 '그래, 넌 할 수 있어!'라고 답해 주는 셈이지"

저는 아들에게 돈을 버는 방법에 대해 많은 아이디어와 선택안을 제시해 주려고 노력합니다. 그렇다고 늘 집 안의 자질구레한 일이나 쓰레기통 비우기나 배수구 청소하기 같은 하기 싫은 일만 얘기해 주는 건 아닙니다. 돈을 벌 방법은 그 외에도 많으니까요.

또 아이가 제가 하는 일에 대해 물으면 신중하게 대답하려 합니다. 제가 해 주는 대답이 어른이 되어 많은 시간을 보낼 활동에 대한, 아이의 사고방식을 형성할 것이라는 생각 때문이지요. 제가 일하러 '가야 한다'는 식으로 말하면 아이는 제가 하기 싫은데도 억지로 일하는 것으로 생각합니다. 제가 일을 해서 '공과금을 납부'한다고 말하면 일을 해도 윤택해지지 않는다는 인상을 줍니다. 아이에게 당신이 하는 일이 지루하거나 따분하거나 매일 그 일이 그 일이라거나 답답하거나 보람이 없다는 식으로 말하면, 아이는 일이란 게 다 그런 줄 알게 됩니다.

직장에 대한 이런 표현을 뒤집어, 성공을 이루는 공간으로, 배우고 성장하는 공간으로, 흥미로운 사람들을 만나 무엇인가를 만들어 내는 공간으로 얘기해 주면 어떨까요? 아이에게 한 주가 시작될 때, 직장에 가서 해결해야 할 흥미로운 문제를 확인할 생각에 설렌다고 말하면 어떨까요? 이런 태도는 아이에게 영향을 미쳐 아이가 열정으로 가득 찬 일의 세계에 마음을 열게 해 줄 것이라 확신합니다.

────────────────────────────────── **아이와 함께 실전 연습**

아이에게 가능한 한 일에 대해 긍정적으로 말한다. 직장을 다음과 같은 곳이라고 말하면 된다.

☐ 직장은 기회를 만들어 내는 곳
☐ 직장은 사람들과 이야기를 나누며 세상을 바꿀 수 있는 아이디어를 떠올리는 곳
☐ 직장에서 일은 '해야 하는' 것이 아니라 '하게 되는' 것

조 말론
Jo Malone CBE

향수 브랜드 조 말론 런던(Jo Malone London)의 창업자

2006년에 거대 화장품 기업 에스티 로더가
조 말론의 사업을 '정확한 액수는 밝히지 않았으나 수백만 달러대'의 가격으로 인수함.

말론은 영국 켄트의 임대 주택에서 자랐다. 그녀는 난독증이 심해서 학교에서 멍청하고 게으르다는 말을 들었지만, 자신이 멍청하지도, 게으르지도 않다는 걸 알고 있었다. 2016년에 잡지〈우먼 앤 홈(Woman and Home)〉인터뷰에서 한 말이다.

"우리는 가난하게 살진 않았지만 그렇다고 해서 돈이 많지도 않았어요. 사랑받지 못한다는 느낌이 든 적은 없었지만 아주 어릴 때부터 집안의 생계를 꾸리다시피 했어요. (중략) 저는 찬장에 먹을거리가 떨어지지 않게 챙겨 놓아야 했어요. 우리 가족은 전기 미터기와 가스 미터기가 있는 집에 살아서 저는 제 방에 10펜스 동전들을 모아 뒀어요. 그렇게 안 하면 아버지가 동전을 가져갈 테고 그러면 학교에 갔다 와서 전기도, 난방도 못 쓸 것 같아서였죠. 저는 늘 두 발짝 내다보고 생각해야 했어요."[68]

말론은 어릴 때부터 사업에 눈을 떴다. 피부 관리사였던 말론의 어머니는 귀족 직함인 카운테스 라바티(Countess Labatti)를 내세워 작은 피부 관리 업종을 운영하던 여성 밑에서 일했다. 말론은 이 가게의 본사 역할을 했던 백작 부인의 아파트에서 어머니를 따라다녔다. 말론은 당시를 이렇게 회상했다.

"내가 아홉 살 때, 백작 부인은 '생애 첫 페이스 마스크를 만들어 보지 않을래?'라고 말했다. 백작 부인의 지도를 받아 처음으로 페이스 마스크를 만들어 봤다. 백작 부인은 이런 말도 해 주었다. '삶에는 너를 위한 아주 특별한 무엇인가가 준비되어 있단다. 그러니 무엇인가 하려면 훌륭하게 해내렴.'"[69]

말론은 화가였던 아버지를 따라 주말 장에 그림을 팔러 갈 때, 아버지에게도 사업가로서의 기량을 배워 10대부터 직접 티셔츠를 만들어 팔았다.

· 내 아이를 위한 1퍼센트의 비밀 _____

나는 어릴 때 글로벌 컨설팅 분야를 통해 내 창의적 사고력을 발휘해 기업의 전 세계 진출을 돕고, 새로운 상품 개발에 착수하고, 광고 캠페인을 기획하고, 소비자의 삶에 영향을 미칠 의미 있는 혁신을 이루어 보면 재미있겠다고 생각했다. 글쓰기도 아주 좋아하는데 컨설팅은 매일 글을 쓰고 혁신을 꾀하고 소통을 나눌 수 있게 해 준다. 어머니는 나에게 창조의 여지를 열어 주고, 기업가에게는 자유가 필요하다고도 가르쳐 주었다. 나는 내가 하는 일에 열정을 가진 덕분에 일을 사실상 놀이처럼 느끼며 사는 편이다. 그동안의 내 성공은 바로 이런 삶의 방식 덕분이다.

마이클 스태넷(Michael Stanat), SIS 인터내셔널 리서치(SIS International Research)

딸아이가 열 살이던 어느 날, 나에게 실패하면서도 왜 계속 사업을 시작하느냐고 물었다. 당시에 나는 잘나가는 사진작가였지만, 딸아이는 내가 준비하고 있는 다른 일에 대해 물은 것이었다. 나는 딸에게 모든 일은 무엇인가를 배우는 경험이며 기업가에게는 성공하기 전까지 수많은 사업을 시도하는 것이 전혀 이상한 일이 아니라고 차근차근 얘기해 주었다.

지금은 우리가 1만 1,000명이 넘는 영업 사원을 거느린 수백만 달러 규모의 기업을 운영하게 되면서 딸의 관점이 크게 바뀌었다. 계속 시도하며 포기하지 않는 것이 얼마나 중요한지 깨달았다.

로라 헌터(Laura Hunter), 래쉬라이너(LashLiner LLC)

아버지는 할아버지 때부터 운영하던 자동차 판매 대리점을 이어받은 기업가다. 아버지는 자주 고객 이야기를 했다. 고객을 상대로 어떻게 영업을 하고 있다거나 할당량을 채웠는지 못 채웠는지(그래서 포상 여행을 얻었는지 못 얻었는지)에 대한 얘기도 하고, 때로는 사람 관리의 어려움을 토로하기도 했다. 아버지는 아주 관대한 성격이라 우리가 사는 시에 무슨 행사라도 열리면 엔진 오일 교환권을 기부하기도 하고, 여러 스포츠 팀이 특별 대회에 참가하러 갈 때는 차량을 대주기도 했다. 주말이나 저녁에 전화벨이 울리고, 잠시 뒤 아버지가 문이 잠겨 차 안에 갇힌 누군가를 구해 주러 나갔던 날도 많았던 기억이 난다. 그로써 일이 삶의 일부분이자 지역 사회에 도움을 줄 수 있는 한 방법이며, 때로는 열정을 갖고 열심히 노력할 대상이라는 것을 배웠다. 경영상 똑같은 문제를 놓고 불평하고 또 불평하는 것은 좋은 전략이 아니라는 것도 배웠다.

케이티 킴볼(Katie Kimball),
키친 스튜어드십 및 키즈 쿡 리얼 푸드 이코스(Kitchen Stewardship LLC and the Kids Cook Real Food eCourse)

아이의
아이디어에
귀 기울여 주기

즉흥 코미디에서는 대본도 없이 관객을 웃길 상황을 만들기 위해 팀원끼리 서로 협력해야 합니다. 즉흥 코미디 팀원은 공연 때 몇 가지 규칙을 따릅니다. 팀원끼리 잘 협력하도록 확실성을 기하고, 무대에서 재미있는 공연이 이루어질 최상의 가능성을 끌어내기 위한 규칙인데, 그중 하나가 '알겠어요, 그러면…'입니다. 다시 말해 팀의 한 멤버가 특정 방향을 잡아 시작하거나, 특정 방식으로 상황을 이어 가면 나머지 멤버는 거기에 따라야 됩니다. 나머지 멤버는 모두 상황의 전개 방식에 대해 미리 생각해 둔 아이디어를 버려야 하지요.

시트콤 〈오피스(The Office)〉(미국판)의 한 에피소드를 보면, 까칠한 리더 마이클은 즉흥 코미디 수업에 다닙니다. 수업 중에 마이클이 총을 꺼내는 시늉을 하면서 모두를 쏴 죽이는 아이디어를 냅니다. 그러자 같은 수강생들은 여기에 따라 주며 '알겠어요, 그러면…'의 규칙을 따릅니다. 마이클의 애초 목적은 아무도 말을 못 하게 해서 혼자 독백을 이어 가 공연의 주인공이 되는 것이었지요. 여기에서 마이클은 다른 사람들 모두가 즉흥 코미디의 규칙에 충실히 따르는 점을 이용하고 있지만, 관중을 위한 일이라고는 볼 수 없습니다.

혹시 누가 당신에게 윽박지르며 말을 못 하게 막거나, 중간에 끼어들어 말을 끊거나, 일방적으로 말을 하는 상황에 놓였던 적이 있나요? 이런 상황은 재미도 없고, 배움에도 도움이 되지 않습니다.

_____ 아이와 함께 실전 연습 ⚲

즉흥 코미디의 이런 틀을 집에서 대화에 적용해 보려면 일방적인 이야기를 피하면 된다. 어떤 아이디어를 꺼내든, 일단 더 자세히 짚어 보면서 실행에 옮길지, 일정을 짜 볼지, 그냥 버릴지를 정해야 한다. '안 돼, 왜냐하면…' 대신 '알겠어, 그러면…'과 같이 말을 꺼내야 한다.

☐ 알겠어. 그러면 그다음엔 어떤 일이 일어날까?
☐ 알겠어. 그러면 그 일을 어떤 방법으로 하고 싶은데?
☐ 알겠어. 그러면 언제 해 볼 생각인데?
☐ 알겠어. 그러면 그 일에는 어떤 의미가 있을까?
☐ 알겠어. 그러면 너는 그 아이디어가 성공할 거라고 생각하는 이유가 뭐야?

다음은 피해야 할 안 좋은 예다.

☐ 안 돼. 왜냐하면 그건 안 좋은 아이디어니까.

☐ 안 돼. 왜냐하면 입맛을 버려서 저녁을 안 먹을 테니까.

☐ 안 돼. 왜냐하면 아무도 그런 걸 안 살 테니까.

☐ 안 돼. 왜냐하면 네 언니가 그 아이디어가 성공하지 못할 거라고 생각하니까.

· 내 아이를 위한 1퍼센트의 비밀

　　좋은 아이디어를 얻는 가장 좋은 방법은 많은 아이디어를 떠올려 보고 안 좋은 아이디어를 모두 버리는 것이다. 우리는 어른으로서 경험이라는 이점이 있지만 아이는 무엇이 안 좋은 아이디어인지 어떻게 알겠는가? 아이는 시행착오를 겪을 수밖에 없다. 스스로 안 좋은 아이디어라는 걸 깨달을 때까지 그 아이디어를 계속 실행해 보는 것이다.

　　또한 아이디어를 떠올린 아이가 잘 판단할 수 있을 거라고 믿어 주는 동시에 잘 판단하게 응원해 주고 주의력과 자립적 사고 능력을 길러 준다. 아이가 위험한 토끼 굴로 내려갈 수도 있지만, 비범한 판단을 내릴 가능성도 있다.

　　남편과 나는 아이들에게 기업가가 되기 위한 기량들을 가르치려 노력한다. 예를 들어, 다섯 살인 아들에게는 우리 가족이 운영하는 장식품 매장과 놀이용품 매장에 놀러 오게 한다. 이 방법은 아들이 통제된 환경 속에서 다른 사람들과 이야기하는 요령을 배우면서 카리스마와 사람들을 다루는 기술을 키우는 데 좋다. 최근엔 우리 매장이 거리에 있는 점을 감안해, 근처를 오가는 보행자들을 우리 매장에 들어오게 할 만한 방법을 논의했다. 아들은 과연 어떤 아이디어를 냈을까? 밴드를 고용해 라이브 공연을 해서 사람들이 음악 소리를 듣고 매장으로 들어오고 싶게 하자는 아이디어였다! 이 아이디어는 당장은 실행 계획이 없지만, 그 일로 감동적인 결과를 확인하게 되었다. 아들은 아이디어를 내서 도움을 줄 기회를 가져 보더니 자신감도 쑥 늘고, 자신과 자신의 생각이 존중받는다고 느끼게 되었다.

나타샤 스미스(Natasha Smith), 위민 런 엠파이어스(Women Run Empires)

나는 언제나 내 아들의 삶 속에 존재해 주려고 한다. 심지어 내 커리어가 아들의 삶의 이정표로 유용하게 활용될 모범이 되게 하려고 신경 쓰기도 한다. 우리는 아들의 기업가 기질을 키워 주기 위한 일을 최우선으로 삼으면서 아들의 말과 아이디어에 귀 기울여 주고, '안 돼'보다는 '알겠어!'라는 말을 더 자주 해 주며, 행동에 나서거나 모험을 시도해 보게 북돋아 준다.

캐시 파택(Kathy Partak), 《메이슨 메이드: 즐겨 쓰는 요리법(Mason Made: Favorite Recipes)》의 저자

기업가의 사고방식을 키우기 위해 모든 아이들에게 물어봐야 할 말이 있다. "너는 어떻게 생각해?" 우리 어른들은 아이에게 아이의 생각과 감정을 물어봐야 한다는 생각을 깜빡할 때가 너무 많다. 아이가 상황에 대해 생각할 기회를 가질 틈도 없이 바로 문제 해결을 하려 든다.

줄리 스미스(Julie Smith), 청소년 심리 치료사

몰입의 힘을
가르친다는 것

완전 습득의 경지는 업무 만족에서 중요한 요소입니다. 자신의 기술을 완전 습득해 그 기술을 차질 없이 적용할 수 있으면 고차원의 행복감, 만족감, 목표를 누리게 됩니다. 완전 습득에 이르면 몰입하게 되고, 일을 노력 없이 술술 쉽게 하는 것처럼 느껴지지요. 저는 책이나 기사를 쓸 때나 그밖에 좋아하는 일을 할 때 몰입 상태에 들어서는 것이 너무 좋습니다. 아주 집중해서 그 무엇에도 방해받지 않는 몰입 상태에 들어가면, 영원히 그 일을 할 수 있을 것만 같지요.

이에 반해 주의가 산만하고, 주의 지속 시간이 짧고, 부랴부랴 서두르고, 여러 일에 신경 쓰는 상황도 있습니다. 이 중 어떤 상황도 진전이나 성취에는 도움이 되지 않습니다. 하지만 현대 세계는 때때로 이후자의 상황을 더 잘 부추기는 것 같습니다. 우리는 SNS, 알림, 속보, 이런저런 방해거리와 한눈팔 거리 때문에 일에 제대로 몰두하지 못하고 완전 습득에 이르지 못해 몰두와 완전 습득이 주는 이점을 누리지 못하고 있지요.

목줄을 달고 주인에게 이끌려 산책 중인 어떤 개의 상황을 상상해봅시다. 이 개는 사방팔방 냄새를 맡으며 몇 시간이고 돌아다니고 싶은데, 멈출 때마다 주인이 목줄을 끌어당겨서 어쩔 수 없이 따라가야 합니다. "그만, 어서 가야지"라는 상황이 우리 아이에게 그대로 행해진다면, 장기적으로는 어떤 영향을 미칠까요?

가만히 앉아서 무엇인가에 집중하는 능력을 키우지 못하면, 어떤 분야에서든 완전 습득을 이룰 가능성은 희박합니다. 수많은 기업가가 기업가인 이유는 어느 시점에서 무엇인가에 아주 탁월해졌기 때문입니다. 어른이 되어서 따르는 습관과 패턴은 대부분 어린 시절의 행동을 통해 내재된 것들입니다. 커서 발현되는 집중, 전념, 주의력은 어릴 때부터 익혀야 하는 기량인 것이죠.

아이와 함께 실전 연습 🖎

☐ 한 가지를 다 끝낼 때까지는 다른 일에 착수하지 않음을 알려 준다.
☐ 일의 완수를 중요하게 여긴다.
☐ 프로젝트의 완수를 (완벽하게 해내는 것보다) 대단하게 생각해 준다.
☐ 목표를 세우기보다 아이가 연습하고 실험하도록 추진한다.

☐ 몰입할 수 있는 활동에 더 많은 시간을 할애하게 한다.

☐ 엄격한 스케줄을 세워 놓고 따르기보다는, 각각의 활동에 더 많은 시간을 할애하기 위해 하루의 계획을 비교적 적게 잡도록 한다.

☐ 집중력을 늘리는 훈련에 쓰는 시간을 의도적으로 늘린다.

☐ 행동 미러링(호감 가는 상대의 행동을 거울처럼 똑같이 모방하는 것-옮긴이) 효과를 위해 먼저 어떤 일을 해내는 방법에 대한 모델부터 세운다.

☐ 난이도를 확실히 잡아 두면, 아이가 낙심할 일 없이도 충분히 도전할 수 있게 북돋아 줄 수 있다.

☐ 주의를 산만하게 하는 방해거리를 무시할 만한 방법을 생각해 둔다.

○ 상위 1퍼센트 리더의 어린 시절 ○

잭 도시
Jack Dorsey

트위터의 공동 창업자이자 모바일 결제 기업 스퀘어(Square)의 창업자

2016년 3월에 소셜 펀딩 서비스 도너스추즈(DonorsChoose)에 등록된 미주리 공립학교
프로젝트 약 600건에 전액의 자금을 지원해 줌. 매일 아침 8킬로미터의 거리를
걸어서 출근하면서 그렇게 걷는 시간이 '정신이 아주 맑아지는 시간'이라고 이야기함.

도시는 10대 때 컴퓨터에 빠져서 IBM 1세대 컴퓨터를 배우며 셀 수 없이 많은 시간을 보냈다. 이때 택시, 택배사, 응급 구조대와 그 외의 차량을 조직화하는 개념에 흥미를 가지면서 자신이 사는 곳의 실시간 지도를 만들어 움직이는 차량들을 작고 붉은 이동 점으로 표시하고 싶어 했다. 도시가 이런 열정을 갖게 된 데는 의료 기기 기술자였던 아버지 팀 도시가 미국 전역에서 많은 일자리 제안을 받아 자주 직장을 옮겼던 것이 배경으로 작용했다.

도시네 가족은 수차례 이사를 다녔다. 이사를 갈 때마다 도시는 바로 그 지역 지도를 사서 여기저기를 걸어 다녔다. 도시의 말에 따르면, 그는 도시 계획 전문가가 될 수도 있었지만 어린 시절 도시의 지도에 품었던 열정에 더 마음이 끌렸다. 처음에는 도로 지도를 디지털 형식으로 변환하려고 했다가 전자 게시판을 활용해 자신이 만든 지도에 이동 대상을 표시해 넣었다. 일종의 축소판 현실 도시를 만들어 낸 것이다. 도시는 "나는 택배 기사의 일을 일종의 마법처럼 만들어야겠다고 생각했다. 택배 기사의 물리적 이동 경로가 한 지점에서 다른 지점까지, 혹은 심지어 전 세계에 걸쳐서까지 쭉 추적되게 하고 싶었다"[70]라고 말했다.

도시의 첫 프로그래밍 경험은 열네 살 때 택시 배차와 소방대를 위해 짜 본 몇 개의 프로그램이었다. 도시는 경찰 무전기에서 나오는 목소리에 흥미가 끌리기도 했다. 그는 CBS 방송에서 다음과 같이 인터뷰했다.

"경찰은 항상 자신이 어디로 가고 있고, 무엇을 하고 있고, 현재 위치가 어딘지 얘기하잖아요. 바로 거기에서 트위터의 아이디어를 떠올렸어요"[71]

· 내 아이를 위한 1퍼센트의 비밀 _____

내 아들은 그게 무엇이든 지금 하는 일을 가장 중요하게 생각해서 나는 아들에게 가능한 한 계속 그 일을 해 보게 격려해 준다. "그만 해! 이제 가자"라는 말은 절대 안 한다. 바닷가나 숲에 가면 반나절 동안 나뭇가지와 모래로 이것저것 만들어 보다가 그만 갈 준비를 한다. 다른 가족들은 운동장에 나오면 30분이나 40분만 있다가 가지만, 우리는 몇 시간씩 있는다. 운동장에서 우리처럼 그렇게 놀 수 있는 사람은 아무도 없다. 다들 싫증을 내고 만다.

데렉 시버스(Derek Sivers), sive.rs

생각해 보면, 아들을 키우면서 우리가 주로 해 주었던 일은 그냥 아들의 본능과 흥미를 따라 주면서 그 본능과 흥미를 기업가형 사고방식을 북돋아 주기 위한 발판으로 활용했던 일 같다. 사실상 고전적 교육 운동의 한 방식으로, 아이가 바다거북에 관심이 많으면 바다거북과 관련된 문제에 몰두해 주는 식이다!

아내와 나는 둘 다 사업을 하고 있어서 우리 집에서는 '기업가적 대화'가 어느 정도 생활화되어 있는 편이라 그 점이 아들에게 도움이 되었을지도 모르겠지만, 진짜 비결은 아들이 묻는 말과 아들의 관심사에 주의를 바짝 기울여 주면서 아들의 의욕을 북돋아 주었던 데 있는 것 같다.

매튜 버넷(Mathew Burnett), 슈퍼 지니어스(Super Genius, Inc)

우리 부모님은 교육이 세상을 여는 열쇠라고 말하며, 내가 원하면 무엇이든 해낼 수 있다고 가르쳐 주었다. 부모님의 양육법의 핵심은 내가 좋아하는 일을 찾게 하고, 그 일에 쓸 수 있는 열정과 시간을 중시해 준 것이었다. 부모님은 여행을 다니는 것에 엄격하지 않아서, 심지어 열여덟 살이라는 어린 나이에도 혼자 여행을 가게 해 주었다. 그리고 나를 박물관에 데리고 다니고, 내가 어떤 질문을 던져도 그 답을 찾게 도와주었다. 또한 질문하기를 멈추지 말고, 가능한 한 자주 스스로의 생각에 이의를 제기해 보라고 가르쳐 주었다.

부모님은 무엇인가를 강요한 적이 없었지만, 가능한 한 자주 배울 기회를 공유해 주었다. 기업가였던 아버지와 교사였던 어머니는 본인들의 배움에도 열의가 대단해서 지금도 여전히 예술, 문학, 음악, 역사에 대해 배우는 것을 일상으로 삼고 있다. 부모님의 그런 학습열과 호기심은 나에게까지 이어져 사업을 빠르게 성장시키면서 변화를 일으키려는 열정을 키워 주었다.

조앤 소넨샤인(Joanne Sonenshine), 커넥티브 임팩트(Connective Impact)

실수를
긍정적으로
바라보는 자세

기시미 이치로는 《행복해질 용기(The Courage to Be Happy)》에서 교육의 목표는 자립이라고 주장했습니다. 교육과 양육의 요령은 적절한 시기에 적절한 방법으로 도와주는 것입니다. 너무 일러도 너무 과도해도 안 되지만, 아이가 기가 죽을 정도로 너무 늦고 너무 약해도 안 되는데, 이 균형을 잡기가 까다로울 수 있습니다. 저자 이치로는 칭찬과 꾸지람을 하지 말라고 말리면서, 격려와 지원과 감사의 말을 해 주길 더 권장합니다. 말하자면 다음과 같이 해 주라는 얘기입니다.

⇨ "이런 식으로 해야지"라는 말 대신에 "네가 이 일을 잘 해낼 거라고 믿어"라고 말해 주기

⇨ 아이가 필요하기 전에 성급히 끼어드는 대신 "도움이 필요하면 도와 달라고 해"라고 말해 주기

⇨ "아주 잘했어"라는 말 대신 "도와줘서 고마워. 정말 도움이 되었어"라고 말해 주기

성공을 위해 중요한 한 가지는 실패를 통해 배우는 것입니다. 실수를 저지르고 실패를 겪어도 긍정적인 관점으로 바라봐야 합니다. 실수와 실패는 아이가 새로운 무엇인가를 시도하거나 능력을 키우도록 자극해 줄 수도 있기 때문이지요. 어른인 우리는 진짜 실패는 포기하는 것임을 압니다. 실수는 배워 나가는 과정의 일부일 뿐입니다.

성공할 때까지 시도, 실패, 배움, 반복을 이어 가는 패턴을, 가능할 때마다 훈련시키십시오. 그러면서 새로운 무엇인가를 시도해 보게 하세요. "내가 그것을 해내면 좋을 텐데…"보다는 "내가 그것을 해냈다니 믿기지 않아"라는 말을 하게 되는 삶을 살게 해 주세요. 프리드리히 니체(Friedrich Nietzsche)도 "우리를 죽이지 못하는 시련은 우리를 더 강하게 만든다"[72]라고 했습니다.

기시미의 지침에 따르면, 자립성의 육성은 틀을 세워 주면서 '바른 결정을 내릴 수 있을 것'이라는 격려를 해 주는 것만으로는 부족합니다. 틀린 결정을 통해 배울 기회도 주어야 합니다.

다음과 같은 질문을 통해 아이가 모든 실수나 실패를 배움의 기회로 삼을 수 있게 도와준다.

☐ 무슨 일이 일어난 걸까?
☐ 이런 일이 왜 일어났을까?
☐ 다음에 다르게 하려면 어떤 식으로 하면 될까?
☐ 어떻게 해야 이번 일을 기회로 삼을 수 있을까?
☐ 어떻게 해야 다시는 이런 일이 생기지 않을까?
☐ 준비를 다르게 해 볼 만한 방법이 없을까?
☐ 다른 사람이 나와 똑같은 실수를 하지 않게 하려면, 어떻게 가르쳐 주는 게 좋을까?

• 내 아이를 위한 1퍼센트의 비밀

나는 "너는 똑똑하니까 집중해서 전념하면 원하는 것은 무엇이든 할 수 있어"라는 말을 딸에게 자주 해 준다. (위험한 일이 아닌 한) 대부분의 일을 딸 혼자 해 보게 해 주기도 한다. 이제 겨우 두 살인 딸이 혼자 쇼핑백을 들어 보려거나 코트의 지퍼를 채우려고 애쓰는 모습을 보고 있으면 정말 재미있다. 내가 도와주려고 하면 딸은 "엄마, 혼자 할 수 있어요"라고 말하면서 낑낑대고 투덜거리면서도 의지를 드러낸다. 그러다 해내면 신나서 막 소리를 지른다. "야호, 해냈다! 내가 혼자 해냈다!"

아예샤 오포리(Ayesha Ofori), 프롭엘 네트워크(PropElle Network)

부모님이 자녀에게 기업가 정신을 불어넣어 주기 위해 할 수 있는 일은 위험을 감수하며 이따금씩 실패도 해 보게 격려해 주는 일이다. 가령, 아이가 부모로선 뻔히 잘되지 않을 아이디어를 갖고 있더라도 어쨌든 해 보게 두어라. 좋은 아이디어가 아니었음을 깨달을 때까지 끝까지 해 보게 하면서 옆에서 응원해 주고 다른 식으로 해 볼 방법도 권해 주어라.

앤드류 슈라지(Andrew Schrage), 머니 크래셔스(Money Crashers)

나는 기업가로서 중요한 인생 교훈을 배워서, 그 교훈을 아이들에게 가르치려 노력하고 있다. 실패는 단지 배움의 경험이라는 교훈도 그중 하나다. 우리는 아이가 무엇인가에 '실패'하면 그 아이디어가 어째서 성공하지 못했는지를 얘기해 주지만, 이제는 그 아이디어가 성공하지 못한다는 사실을 깨달아 더 잘될 만한 아이디어를 시도해 볼 수 있으니 아주 좋은 경험을 한 셈이라고 말해 준다.

메그 브런슨(Meg Branson), 패밀리프러너 팟캐스트(FamilyPreneur Podcast)

학교에서
배우는 것을
활용하는 일

　일부 학교에서는 학생에게 기업가적 자질을 키워 주는 측면에서 아주 훌륭한 역할을 하면서, 그런 자질을 옹호하며 분발시켜 주는 교사를 충분히 두고 있습니다. 하지만 대다수 학교는 그렇지가 않지요. 그럴 만도 하지만, 학교에서는 시험 결과에 중점을 두고, 그에 따라 아이들이 시험에서 높은 점수를 받게 시험 준비에 주력합니다. 학업 실력과 기업가적 사고가 상호 배타적이지 않은데도, 대다수 학교는 기업가적 사고를 북돋기 위한 방법으로 학업 실력을 키워 주지 않습니다. 대부분의 학교 시험은 암기 지식을 떠올리거나 학습한 공식이나 특정 기량을 응용하는 방식 위주입니다. 심지어 예능 과목조차 예외가 아니지요.

저와 친한 한 친구는 아이를 인근 초등학교에 입학시킬지, 홈스쿨링을 시작해 가족의 삶과 일과를 정비할지 고민 중입니다. 주류 학교 제도가 자신의 아이들(혹은 모든 아이들)에게 최선의 경로가 될지, 또 학교 교육이 아이의 행복하고 부유한 미래를 준비시키기에 가장 좋은 방법일지 확신을 못 하고 있지요.

하지만 저는 학교 수업도 아이들에게 기업가적 태도를 발휘하는 사고방식을 키워 줄 수 있다고 믿습니다. 다른 식으로 생각해 보고, 질문을 던지며, 진로를 스스로 정할 수 있게 가르쳐 주면 아이들은 학교 수업을 최대한 활용해서 성공적인 장래를 일굴 능력을 갖출 수 있습니다.

부모협회(The Parent Institute)의 제이에이치 웨리(JH Wherry)가 발표한 논문 〈가정이 학업 성과에 미치는 영향〉에 따르면, 열여덟 살의 아이가 학교에서 보내는 시간은 깨어 있는 시간의 14퍼센트 미만입니다.[73] 그렇다면 학교의 학업 시간을 빼도 아이를 가르쳐 사고방식과 행동에 영향을 주고 틀을 세워 줄 만한 시간이 많이 남는 셈이지요. 참고로 짐 셰일스(Jim Sheils)의 《가족 이사회의: 당신에게는 아이들과 지속적 유대를 쌓을 18번의 여름이 있다(The Family Board Meeting: You have 18 summers to create lasting connection with your children)》에서는 '18번의 여름'이라는 개념을 통해 여름 방학을 잘 활용해 아이와 더 깊은 유대를 쌓고 디지털 기기 의존성을 줄이며 가정의 행복을 늘릴 방법을 알려 주고 있습니다.[74]

☐ 학교 수업이 다가 아니라는 점을 부각시켜 주기: 방과 후에 부모가 아이에게 흔히 묻는 말은 "오늘은 뭐 배웠어?'다. 그 말 대신 "오늘은 무엇을 알게 되었어? 놀라웠던 일은 없었어?", "오늘은 어제보다 무엇을 더 잘하게 되었어?", "너에 대해 배운 점은 없어?", "어떤 장애물을 이겨 냈어?"와 같이 물어봐라.

☐ 교육에 대한 긍정적이고 적극적인 태도 길러 주기: 아이는 학교의 학습 내용이나 특정 교사의 지도 스타일이나 과제물에 부정적인 의견을 드러내기 쉽다. 하지만 학교를 대놓고 깎아내리는 것은 배우려는 노력에 바람직한 영향을 미치지 않을 수 있다. 배움에 대해 긍정적이고 적극적인 태도를 가지면, 배우려는 노력이 당신과 아이의 통제력 안에 들어온다. 아이에게 "그래, 이 수학 과제가 시시하게 느껴질 수도 있겠지만 어쨌든 정말 잘하게 되면 괜찮지 않을까?", "앞으로 교과서에서 이 역사적 사건이 다시 나오지 않을 수도 있으니까 이번에 잘 배워 보렴"과 같이 대답해 줘라. 아이가 정말 '무엇을 잘하는' 사람이 어떤 사람인지를 알게 도와주는 것은 학교 과제물과 아주 상관없는 일에도 적용해 볼 수 있다.

☐ 다른 아이들, 교사들과의 교류를 최대한 이용하기: 학교 수업이 듣고 배우고 쓰기 위주로 가르치더라도 쉬는 시간, 점심시간, 방과 전과 방과 후 시간은 대인 관계, 감성 지능, 자신감 등의 사회적 기량을 키워 보기에 유용한 시간이다. 학교 얘기를 할 때는 이런 측면에도 똑같이 무게를 두어 친구 사귀기, 즐거운 시간 보내기, 인격 형성 등과 관련된 말도 꺼내 봐라. 교사와의 대화는 어른과 대화를 연습하기에 좋은 기회이니, 교사들 얘기도 해 보아라. "오늘은 누구랑 같이 어울렸어?", "오늘은 어떤 선생님과 얘길 해 봤어?", "다른 사람들에 대해 무엇을 알게 되었어?", "어떤 친절을 베풀어 봤어?"와 같이 물어봐 주면 된다.

· 내 아이를 위한 1퍼센트의 비밀

나는 현재 교장이 된 지금까지 교사로 일하는 내내 아이들에게 책임감을 주는 것이 좋다고 믿어 왔다. 그래서 최소한도로 개입하여 아이들에게 아이디어를 제안하고 이를 발전시켜 보게 하면서, 전통적 학과목과 교실 중심의 수업에서 배우는 것 외에 더 폭넓고 실질적인 기량도 키우게 도와준다.

카렌 메타(Karen Mehra), 애쉬브리지 인디펜던트 스쿨(Ashbridge Independent School)

핵심은 아이가 흥미를 느끼는 과목을 배우며 실력을 키우는 데 있다. 그러니 법을 공부하고 싶어 하지 않으면 변호사를 강요해선 안 되지만, 마음을 읽는 것에 흥미가 있으면 심리학이나 과학 수사 학위를 취득하게 해 줄 만하다. 사실 내 막내 아이도 대학교 전공으로 이 분야에 흥미를 보이고 있다. 무엇이 아이가 하고 싶은 분야에서 경험과 지식을 쌓는 것이 중요하다.

크리스 크로코즈(Kris Krokosz), 스퀘어닷(Squaredot Ltd)

우리 어머니는 교육의 중요성을 깨닫고 나를 명문 학교에 입학시켰다. 돌이켜 보면, 여기서의 학업은 내 기업가 정신에 긍정적 영향과 부정적 영향을 모두 주었다. 한편으로 보면 나는 열심히 노력할 줄 알게 되었다. 어떤 장애물에 부딪쳐도 성공을 위해 꾸준히 노력하면서 최고가 되기 위해, 또 더 높이 올라서기 위해 계속 밀고 나갔다. 하지만 틀에 갇혀 사회가 만든 '성공상'의 기대치에 나를 맞추려 했던 것도 같다. 전형적인 재계에 맞는 사람이 되려 했고, 대학교를 졸업하고 당연한 듯이 기업에 취직하였다. 몇 년이 지나 런던 경영대학원 경영학 석사 과정을 수료하고서야, 내 기업가적 기질이 족쇄에서 풀려날 수 있었다. 석사 과정을 밟던 2년 동안 나의 진정한 천직을 깨달았다. 다른 사람 밑에서 일하는 것은 내 적성에 맞지 않으며, 언젠가 날개를 펴고 단독으로 날아오르리라는 것을 자각했다.

시디 메타(Siddhi Mehta), 리듬 108(Rhythm108)

책 읽는
즐거움을
왜 알아야 할까

　찰리 트리멘더스 존스(Charlie Tremendous Jones)는 "지금과 5년 뒤 당신의 차이는 그동안 당신이 만나는 사람과 읽는 책에 달려 있을 것이다"[75] 라고 말했습니다.

　어릴 때 즐겨 읽었던 책을 몇 권 떠올려 봅시다. 그 책이 당신의 세계관과 그 속에서 당신의 위치를 세우는 데 도움이 되었을 수도 있습니다. 저는 에니드 블라이튼(Enid Blyton)의 《유명한 다섯 권의 책(Famous Five books)》에 푹 빠져 읽다가 모험에 나서서 미스터리를 풀어 보고픈 의욕을 자극받았습니다. 주변에 풀 만한 미스터리거리가 별로 없어서 제가 만들어 내기도 했지요. 수많은 아동 도서, 십 대 도서에는 또 다른 세계나 현실이 등장합니다. 상상력을 발휘해 스스로 그림을 그려 보며 '…라면 어떨까?' 하는 물음을 품어 보게 자극해 주지요.

기업가는 대체로 몽상가입니다. 기업가는 마음속으로 세상이나 시장, 심지어 자신의 삶까지 완전히 새로운 방식으로 그려 봐야 합니다. 경우에 따라서는 다른 사람은 아무도 생각해 본 적 없는 방식이어야 합니다. 아이의 미래 여정이 어떻게 펼쳐지든 글의 힘은 셉니다. 현재 많은 역할이나 일은 글쓰기를 기반으로 삼고 있지요. 콘텐츠 크리에이터, 편집자, 교사를 비롯해 이메일 쓰기나 다른 사람들과 소통이 필요한 역할을 맡고 있는 이들 누구나 여기에 해당합니다.

상상력과 창의력을 키우는 것 외에, 독서 역시 말을 배우고 언어 능력을 키우며 정보를 습득하는 가장 효과적인 방법입니다. 책을 통해 우리는 다양한 인물을 만나 배움을 얻고 그 인물들의 여정을 따라가 보게 되지요. 저는 책의 종류에 따라 적절한 시간과 장소가 있다고 생각합니다. 종류에 따라 잠자리에서 읽기 좋은 책, 혼자 읽을 만한 책, 그룹 독서에 적합한 책 등이 있습니다. 때로는 단 한 권의 책으로 독서나 특정 과목에 대한 열정이 불붙기도 하지요.

다음은 읽어 보길 추천하고 싶은 책들입니다.

· 샘 맥브래트니(Sam McBratney)의 《내가 아빠를 얼마나 사랑하는지 아세요?(Guess How Much I Love You?)》(0~3세)[76]: 어린 나이의 아이에게 친절과 서로 돌봐 주기를 이해시키기에 좋다.

· 에밀리 윈필드 마틴(Emily Winfield Martin)의 《네가 만들어 갈 경이로운 인

생들(The Wonderful Things You'll Be)》(3~7세)[77]: 미래의 일에 대해 생각해 보게 자극한다.

· 닥터 수스(Dr.Seuss)의 《네가 갈 곳(Oh, the Places You'll Go!)》(4~8세)[78]: 자신이 해낼 수 있는 성공을 찾아보게 북돋아 준다.

· 클레버 타이크스 시리즈(6~9세)[79]: 내가 아이들에게 소개해 줄 만한 긍정적인 기업가 롤 모델을 어디에서도 찾을 수 없어서, 그런 롤 모델을 세워 주기 위해 공동 집필한 시리즈다.

· 매슈 사이드(Matthew Syed)의 《10대를 위한: 청소년을 위한 꿈과 자신감의 비결(You Are Awesome)》과 《유 아 오썸 저널(You Are Awesome Journal)》(9~13세)[80]: 용기, 실천, 자기 신뢰를 분발시켜 준다.

아이와 함께 실전 연습 ⚖

10대의 아이들에게는, 고등학생 때 읽으면 좋을 다음의 책을 권한다.

☐ 앤서니 라빈스(Anthony Robbins)의 《네 안에 잠든 거인을 깨워라: 무한 경쟁 시대의 최고 지침서(Awaken the Giant Within)》[81]: 성공하기 위한 사고방식과 태도, 감정 정복, 개인적·직업적 관계 개선, 의식적 목표 설정을 잡아 줄 강력한 틀을 제시한다.

☐ 팀 페리스(Tim Ferriss)의 《나는 4시간만 일한다: 디지털 노마드 시대 완전히 새로운 삶의 방식(4-Hour Work Week)》[82]: 나는 2012년에 이 책을 읽고 삶이 바뀌었다. 책을 읽고 난 뒤로 부에 대한 관점, 내가 되고 싶은 이상, 시간 활용 방법 등 여러 가지가 바뀌었다. 이 책에서는 커리어를 쌓거나 사업을 시작하기 위한 기반으로서 라이프 스타일을 설계하는 개념을 알려 준다. 시간의 가치를 소중히 여기면서 시간을 낭비하기 전에 한 번 더 생각해 보게 한다.

□ 마이클 거버(Michael Gerber)의 《사업의 철학: 성공한 사람들은 절대 말해 주지 않는 성공의 모든 것(The E-Myth Revisited)》[83]: 사업의 착상과 운영에 대한 알찬 입문서이자, 개인 사업자와 급성장이 가능한 기업 간의 차이도 이해하기 쉽게 설명해 준다. 사업 체계와 과정을 실질적으로 소개하고 있으며 회사를 크게 키울 만한 영감을 자극하기도 한다.

□ 제임스 클리어(James Clear)의 《아주 작은 습관의 힘: 최고의 변화는 어떻게 만들어지는가(Atomic Habits)》[84]: 시간이 지나면서 복리 이자로 작용하는, 기막히게 좋은 습관을 들이게 해 주는 실용적 지침서다.

□ 앤절라 더크워스(Angela Duckworth)의 《그릿: IQ, 재능, 환경을 뛰어넘는 열정적 끈기의 힘(GRIT)》[85]: 끈기와 성공에 대해 흡인력 있는 글로 이야기한다. '내면이 강한 아이는 어떻게 길러지는가: 아이들의 그릿을 키워 주는 법'을 따로 다루고 있다.

□ 로버트 기요사키의 베스트셀러 《부자 아빠 가난한 아빠》[86]: 여러 가지 금융 교육 주제를 소득, 지출, 자산, 부채의 관점에서 일상적 맥락에서 다루고 있다. 보편적 개념과 열망에 도전장을 던지며, 독자에게 일과 돈에 대한 관점을 가질 것을 권한다.

□ 대니얼 프리스틀리의 《영향력 있는 핵심 인물(Key Person of Influence)》[87]: 개인 브랜드의 개념을 소개하며 자신이 선택한 분야에서 영향력 있는 전문가로 올라서서 더 가치 높은 일을 유치하는 비결을 알려 준다. 그렇게 되기 위한 방법을 다섯 단계로 나눠 각 단계별로 구체적 행동을 가르쳐 준다.

오프라 윈프리

Oprah Winfrey

미디어계의 거물

2003년에 억만장자가 되었고
세계에서 가장 영향력 있는 여성 순위에 빈번히 거론됨.

오프라가 태어났을 때 아버지는 해군 기지에서 군 복무를 하느라 멀리 떠나 있었다. 어머니도 가정부로 일하기 위해 밀워키로 떠나면서 어린 오프라는 농가에서 엄한 할머니와 지냈다. 할머니 해티 매 (프레슬리) 리[Hattie Mae (Presley) Lee]는 오프라가 버릇없이 굴거나 시키는 대로 말을 듣지 않으면 매를 들어 때렸다. 농가는 외딴 곳이었기에 오프라는 어쩔 수 없이 놀거리를 알아서 만들어야 했다. 그래서 집에서 키우는 동물들과 친구가 되었고 책 속에서도 친구를 찾았다. 그 농가 집에는 텔레비전도 없어서, 오프라의 말마따나 오프라가 세 살도 되기 전에 읽고 쓰기를 가르쳐 준 할머니야말로 삶에서 가장 소중한 선물을 베풀어 준 은인이었다.

오프라는 엄한 할머니를 생애 첫 롤 모델로 기억한다. 한 인터뷰에서도 자신이 가진 힘과 사고력은 모두 할머니의 노력 덕분이었다고 밝혔다. 해티 매는 일요일마다 오프라를 교회에 데리고 다녔고, 이 교회에서 오프라는 '설교자'라는 별명을 얻었다. 다른 사람들은 흉내 낼 수 없는 특출한 재능을 발휘하며 성경 구절을 줄줄 암송하는 오프라를 보고, 교회 사람들이 감탄스러워하며 붙여 준 별명이었다. 오프라는 어린 시절의 이 성취를 계속 마음에 품고 있으면서 선교사나 설교자를 꿈으로 삼았다. 그러다 4학년 때 담임 교사 던컨 부인을 만나면서 교사가 되고 싶다는 꿈도 꾸게 되었다.

오프라는 다섯 살 때 유치원에 들어갔다가 담임 교사에게 공들여 쓴 편지를 보내 1학년으로 바로 올라가게 해 달라고 부탁했다. 교사는 놀라워하며 그 부탁을 들어주었다. 그 뒤에도 오프라는 1학년 공부를 하다 3학년으로 바로 월반했다.

·내 아이를 위한 1퍼센트의 비밀

아이가 기업가로서 성공할 준비가 갖추어지도록 보완 교육을 하고 사고력을 길러 주려면 글을 읽게 해야 한다. 그냥 인스타그램 게시글 같은 글이 아니라 어렵고 복잡한 책과 기사여야 한다. 그런 글을 읽으면 뇌가 훈련되고 생각 근육이 발달해 학교에서만이 아니라 분야를 막론하고 어떤 직업적 모험에든 도움이 될 것이며, 독자적 경로를 구축해야 하는 기업가에게 특히 유용할 것이다. 매리언 울프(Maryanne Wolf)가 최근 출간작《다시, 책으로: 순간 접속의 시대에 책을 읽는다는 것(Reader, Come Home)》에서 주장하고 있듯, 지금과 같은 기술의 시대에서도 '깊이 읽기' 능력은 모든 성공에서 중요한 요소다.

클로테 콜먼(Colette Coleman), 콜먼 스트래티지(Coleman Strategy)

아이가 신문에 나오는 유명인이 되거나 보스가 되려면 무엇이 필요할지 잘 모를 때에는 닥터 수스(Dr.Seuss)의《네가 갈 곳》을 읽어 보길 추천한다. 절대 실망하지 않을 것이다! (중략) 나는 기업가 정신의 사례가 담긴 그림책이 없는지 자주 찾아본다. 요즘 즐겨 보는 책은 애슐리 스파이어스(Ashley Spires)의《만들기는 어려워(The Most Magnificent Thing)》다. 에밀리 젠킨스(Emily Jenkins)의《겨울의 레모네이드(Lemonade in Winter)》도 사업 성공에서 중요한 척도인 수익에 대한 개념에 눈뜨게 해 주어 유용하다.

키미 그린(Kimmie Greene), 인튜잇 퀵북스(Intuit QuickBooks)

부모님은 내가 어릴 때부터 용돈을 받으려면 자기 계발 오디오 강좌를 듣게 했다. 얼 나이팅게일(Earl Nightingale), 나폴레온 힐(Napoleon Hill), 밥 프록터(Bob Proctor), 토니 로빈스(Tony Robbins)를 비롯한 여러 저자들의 강좌가 내 기억에 남았다. 이 저자들 대부분은 자신의 운명을 통제하고 잠재력을 획득하는 기업가 자질을 장려했다. 덕분에 나는 내가 이루어 낼 수 있는 일에 큰 자신감을 얻고 낙관성을 갖게 되었다.

카슨 코넌트(Carson Conant), 미디어플라이(Mediafly)

영감을 주는
노래
들려주기

하려는 일에 더 잘 몰두하기 위해 특별한 감응을 일으키는 음악을 들으면 좋습니다. 글을 쓸 때는 집중하는 데 도움을 주는 음악을 듣는 편입니다. 운동을 하기 전에는 빠른 리듬의 곡을 듣고, 중요한 회의나 강연 전에는 자신감을 채워 주고 웃음이 절로 지어지는 음악을 듣습니다. 잠자기 전에는 마음을 가라앉히고 하루 동안 쌓인 긴장을 풀어 주는 음악을 듣지요.

인지 심리학자 스티븐 핑커(Steven Pinker)는 음악을 가리켜 '귀로 먹는 치즈케이크'라고 했습니다.[88]

음악은 경험을 만들어 주지는 않지만, 확실히 경험을 더 좋게 해 줄 수는 있습니다. 장거리 자동차 여행 중에 음악을 틀고 가는 부모라면 누구나 알 테지만 곡의 종류에 따라 분위기도 달라집니다. 귀에 착착 붙는 곡은 머리에서 한참 맴돌 만큼 중독성이 있지요.

집에서는 음악의 선택에 따라 집에서 보내는 시간의 분위기가 달라질 수 있습니다. 가사와 박자가 잠재의식을 파고들면서 기분이 좋아지고 의욕이 자극되며 정신이 고양될 수도 있습니다. 음악의 선택에 신중하지 않았을 때에는 그 반대가 될 수도 있지요. 개인적으로 저는 '불가능은 없다'라는 마음가짐을 심어 주는 진취적인 노래를 좋아하는 편입니다.

다음은 여러 부모님들이 보내 준 선곡 리스트입니다. 집에서 아이와 함께 들어 보거나 특정 상황에서 아이에게 들려줄 플레이 리스트에 넣기를 추천합니다.

· 영화 〈주토피아(Zootopia)〉의 OST, 샤키라(Shakira)의 'Try Everything'[89]

· 영화 〈겨울왕국(Frozen)〉의 OST, 'Let It Go'[90]

· 영화 〈위대한 쇼맨(The Greatest Showman)〉의 OST, 'This Is Me'[91]

· 케이티 페리(Katy Perry)의 'Firework'[92]

· 영화 〈라이언(Lion)〉의 OST, 시아(Sia)의 'Never Give Up'[93]

· 영화 〈금발이 너무해(Legally Blonde)〉의 OST, 조안나 패시티(Joanna Pacitti)의 'Watch Me Shine'[94]

긍정성을 북돋기 위해 다음과 같이 기분 좋은 플레이 리스트를 만들어 보아라.

☐ 아이가 좋아하는 노래의 가사를 보고, 가사에 담긴 메시지에 대해 얘기해 본다.

☐ 아이가 좋아하는 영화의 OST를 다운로드 받는다.

☐ 각각의 노래에 대해 아이가 그 노래를 들으면 기분이 좋아지는 이유가 무엇인지 얘기해 보고, 주제별로 플레이 리스트를 따로 만든다.

☐ 다음과 같은 식으로 노래를 분류해 본다. 아침 기상 음악 플레이 리스트, 취침 음악 플레이 리스트, 긴장 풀기 음악 플레이 리스트, 창의적 활동 중에 듣기 좋은 음악 플레이 리스트 등

☐ 돌아가면서 플레이 리스트에 곡을 추가하거나, 리스트에 더 넣을 곡을 투표로 결정한다.

에스티 로더
Estée Lauder

에스티 로더사의 창업자

구매 시마다 무료 사은품을 증정하는 마케팅의 원조로 평가받음.

에스티 로더[본명은 조세핀 에스더 멘처(Josephine Esther Mentzer)이고 에스더는 별명임]는 헝가리계와 체코계 유대인인 부모 사이에서 태어나 뉴욕에서 자랐다. 로더의 아버지 맥스 멘처는 퀸즈에서 철물점을 운영했다. 로더는 고등학교에 다닐 때 8형제와 함께 이 철물점에서 일을 하면서 소매업의 기본을 익히며, 완벽주의뿐 아니라 판촉과 고급 상품 홍보에 대해 배웠다. 크리스마스 시즌에 가족들이 망치와 못을 선물 포장지에 싸고, 아버지가 고객에게 선물했던 일이 특히 기억에 남았다.

로더는 어릴 때부터 아름다움에 관심을 나타냈다. 멋져 보이는 사람이 되면 좋겠다는 마음에, 배우로 성공해 전 세계에 이름을 날리며 명성을 얻고 싶다는 꿈을 꾸었다. 어머니의 긴 머리를 빗질해 주고 어머니의 얼굴에 크림을 발라 주는 일을 아주 좋아하기도 했다.

제1차 세계 대전 발발 직후, 로더의 외삼촌이자 화학자 존 쇼츠가 집으로 들어와 같이 살게 되었다. 로더는 외삼촌이 일하는 모습을 구경하다 외삼촌의 기술을 익히고는 얼마 후부터 미용 크림을 만들기 시작했다. 그때 로더에게 외삼촌은 '마법사이자 멘토' 같은 존재였다고 한다.[95] 외삼촌은 다른 누구도 해 줄 수 없는 방법으로 로더의 상상력을 자극해 주었다. 로더는 10대 시절에 인근의 헤어 살롱 여러 곳에서 자신이 만든 제품을 '희망의 병(jars of hope)'이라는 이름을 붙여 팔기 시작했고, 고객을 확보하기 위해 무료 샘플을 나눠 주었다.

1985년에 로더는 다큐멘터리의 주인공으로 선택되었다. 다큐멘터리〈에스티 로더: 성공의 달콤한 향기(Estée Lauder: The Sweet Smell of Success)〉에서 로더는 자신의 성공담을 풀어놓으며 "저는 평생토록 일을 했다 하면 꼭 팔았어요. 믿음을 가지면 팔게 돼요. 열심히 팔게 돼요"[96]라고 말했다.

· 내 아이를 위한 1퍼센트의 비밀 _____

팝송 'I believe I can fly', 'We will rock you', 'Upgrade you'를 들었던 기억이 난다. 지금은 집에서 긴장을 풀거나 집중해야 할 땐 클래식을 틀어 놓는다.

칼리나 스토야노바(Kalina Stoyanova), 인디펜던트 패션 블로거스(Independent Fashion Bloggers)

우리는 영화 〈겨울왕국〉의 삽입곡 'Let it Go'와 이매진 드래곤스의 'Whatever it Takes'를 엄청 좋아한다. 두 곡 모두 가사에 담긴 메시지가 너무 좋다.

로라 헌터(Laura Hunter), 래쉬라이너(LashLiner LLC)

1980년대에 독일에서 자랄 때 기업가 정신과 연관성 있는 주제가 담긴 NDW(New German Wave) 노래를 여러 곡 들었다. (중략) 가이어 슈투르츠플루크(Geier Sturzflug)의 'Bruttosozialproduk(국민 총생산)'과 미케 크뤼거(Mike Krüger)의 'Der Nippel' 같은 곡이었는데, 본질적으로 사용자 경험을 얘기하는 노래였다.

새빈 하나우(Sabin Harnau), 프롬 스크래치 커뮤니케이션스(From Scratch Communications)

가족의 뿌리를
아는 아이는
깊이가 다르다

영국의 텔레비전 프로그램 중에 유명인의 조상을 추적하는 〈후 두 유 씽크 유 아(Who Do You Think You Are)〉라는 프로그램이 있는데, 놀라운 사실이 밝혀질 때가 많습니다. 게스트는 자신의 조상이 숱한 난관을 겪고 온갖 일을 했다는 사실을 알게 됩니다. 아주 윗대 조상이 죄수나 갱단의 일원이었다거나, 생전에 역사에 큰 기여를 했다는 사실을 알게 되는 게스트도 종종 있지요.

이 프로그램은 다른 여러 나라의 프로그램을 리메이크한 것입니다. 자신의 조상에 대해 알게 되는 것은 흥미진진한 데다, 가정에서도 아주 쉽게 따라 해 볼 수 있습니다. 조상은 한 핏줄로 이어진 사람들이니, 조상들의 얘기를 듣다가 성공한 이야기를 알게 된다면 그런 성공이 자신에게도 해 볼 수 있고 성취할 수 있는 일처럼 느껴질 수 있습니다. 또 동기와 영감을 자극받을 수 있습니다. 조상이 시련을 겪었다면 자신도 회복력을 발휘해 힘든 시기를 이겨 낼 수 있으리라는 자신감을 얻을 수 있지요. 먼 조상의 이야기에 어떤 내력이 담겨 있든 배울 만한 교훈은 있습니다.

가족 계보를 알아볼 방법은 아주 많습니다. 저는 제 조상과 조상이 했던 일들에 대해 듣기를 좋아합니다. 들어 보면 우리 가족사에도 역경을 극복하고 더 나은 삶을 일군 조상의 이런저런 얘기가 있습니다.

이모와 고모, 삼촌과 외삼촌, 조부모님에게 자신들의 조부모님과 먼 친척들 얘길 해 달라고 해서 들으며 메모도 해 봅니다. 감흥이 일어나는 얘기를 들을 때까지 계속 조상의 이야기를 물어봅니다. 조부모님에게 돈을 벌기 위해 해 봤던 일과 생애 최고의 성취가 무엇인지 물어봅니다. 가족 중에 더 이상 물어볼 사람이 없게 되면, 대신 역사적 인물의 사례를 활용합니다. 흥미를 일으키는 인물을 찾아보고 그 인물의 여정과 성취를 살펴봅니다.

실제로 아는 사이가 아닌 사람도 생각해 봅니다. 인터넷과 책은 여러 사람의 전기를 찾아보기에 좋은 정보원이고, 전 세계 곳곳에 있는 기념관도 비범한 인물의 인생사를 느껴 보기에 좋지요. 예를 들어, 안네 프랑크 하우스(안네 프랑크와 그녀의 가족, 그리고 가족 같은 이웃들이 1944년 8월 4일 밤 발각될 때까지 약 2년 정도 숨어 살았던 은신처-옮긴이), 넬슨 만델라가 27년의 수감 기간 중 18년을 투옥한 곳인 로벤 섬(Robben Island) 외에도 많습니다.

□ 아이와 가족 계보도를 그려서 가족의 생애에 대해 알아본다.

□ 조부모님에게 장애물을 만났을 때 어떻게 극복했는지 듣고, 아이에게 들려준다.

□ 실제의 사례에서 배워 보기 위해 다음과 같이 물어본다. "가족 중에 누구누구는 이런 난관에 어떻게 대응했을까?"

□ 가족 계보를 추적할 수 없으면, 다른 방법으로 당신의 가족이 교훈을 얻을 만한 인생사를 써 온 사람들을 찾아보면 된다. 찾아보려고 마음먹으면 방법은 아주 많다.

□ 아이에게 자신과 공통점이 있는 사람을 모두 생각해 보게 한다. 같은 골목이나 동네나 도시에 사는 사람들, 동창생들, 심지어 같은 축구팀을 응원하는 사람들까지 이런저런 공통점을 가진 사람들을 쭉 떠올려 보도록 한다.

□ 이 사람들 중에 흥미로운 인생사나 커리어를 가진 사람들을 목록으로 정리해 본다.

□ 그 사람에게 그런 인생사나 커리어에 관해 가족의 관점에서 말을 걸어 보기 위한 계획을 세운다.

□ 호기심을 발동시켜 이것저것 물어볼 점을 생각한다. 'X에게 …를 물어보고 Y에게 …를 물어보자'

하워드 슐츠
Howard Schultz

스타벅스의 회장 겸 CEO

스타벅스가 1988년에 미국에서 파트타임직을 포함한 전 직원에게
의료 보험 혜택을 제공하는 선도적 기업으로 나섬.
이는 당시로서는 전례가 없던 대단한 혜택이었음.

슐츠가 세 살 때 슐츠의 가족은 브루클린의 저소득층 공공 주택 단지에 있는 작은 아파트로 이사했다. 마을에 운동시설이라곤 콘크리트 바닥 농구장과 축구장밖에 없었다. 슐츠는 가난에서 벗어나기가 굉장히 어려우리라는 걸 잘 알고 있었지만, 성공하고야 말겠다는 꿈은 그 어떤 장애물보다도 강했다.

다음은 슐츠의 웹 사이트에 있는 글이다. "나에게 가장 잊혀지지 않는 아버지의 모습은 풀이 죽고 낙담한 채로 소파에 누워 있던 모습이다. 내가 일곱 살 정도 되었을 때의 겨울이었다. 그때 천 기저귀 배달 일을 하던 아버지는 빙판길에 넘어져 엉덩이와 발목이 골절되었다. 결국 직장에서 해고되고 말았는데 가입된 의료 보험과 상해 보험도 없고 저축해 놓은 돈도 없었다. 그런 상태에서 무기력하게 소파에 누워 있던 아버지의 모습이 내 가슴에 박히게 되었다.

사람들은 대부분 어머니를 바비라고 불렀다. 어머니는 아메리칸드림에 대한 믿음이 강했고, 나에게 언젠가 더 나은 삶을 일굴 수 있다는 믿음과 자신감을 갖게 해주었다. 우리 가족은 공과금 낼 돈도 부족해 쩔쩔매기 일쑤였고 7층의 아파트 안에는 불안의 분위기가 가득했다. 나는 어수선한 집 안을 빠져나와 계단 통로에 앉아 더 나은 삶을 상상하곤 했다"[97]

슐츠가 대학교 졸업 후 처음 가진 직업은 사무실 장비 방판 영업직이었다. 날마다 최대 50곳을 방문했는데 사람들과 얘기하는 것을 좋아했고 영업에 아주 소질도 있었다. 그렇게 일하면서 급여를 받으면 언제나 절반을 부모님에게 주었다.

·내 아이를 위한 1퍼센트의 비밀 _____

내가 어릴 때 아버지는 할아버지 얘길 자주 들려주었다. 안타깝게도 할아버지를 직접 본 적은 없지만, 할아버지의 인생 여정은 나에게 영감을 일으켰다. 할아버지 스탠리 N. 에반스는 제1차 세계 대전 당시에 프랑스와 벨기에에서 군 복무를 했고, 이후에는 노동당 정치인으로 활동하다 사업을 성공적으로 일궜다. 수년이 지나도록, 아버지는 내가 자랑스러운 성취를 해낼 때마다 할아버지가 아버지에게 해 주던 말을 해 주었다. "더비(경마 대회) 우승마가 더비 우승마를 낳는 법이지" 이 말을 들으면 나는 미소가 번지면서 불가능은 없다는 자신감이 차오른다.

샘 테일러(Sam Taylor), 팅커 테일러(Tinker Taylor)

내 외할아버지는 열아홉 살에 맨손으로 미국에 건너와, 위험한 펜실베이니아 탄광 일을 하게 되었다. 이후 탄광에서 벗어나 집사, 정원사, 주택 보수공의 잡다한 일을 거치다 클리블랜드로 이주하여 철공소를 세웠고, 이 철공소는 지금까지도 여전히 운영되고 있다. 이런 할아버지의 인생사를 떠올리면 나는 더욱 분발하게 된다.

수잔 골드(Susan Gold), SGC(SGC, LLC)

내가 세 살 때 어머니는 용기 있는 결정을 내렸다. 캘리포니아로 탈출해 가족을 베트남전의 소용돌이에서 벗어나게 해야겠다는 결정이었다. 어머니는 자신을 희생하는가 하면 가족을 지키기 위해 수차례의 고난을 견디는 등 몸소 모범을 보이며 나에게 많은 교훈을 가르쳐 주었다. 어머니가 가르쳐 준 아주 감사하고 소중한 이 교훈은, 내 커리어의 길잡이가 되어 주며 내 사업 수행에서 없어서는 안 될 한 부분을 차지하고 있다.

쿠인 마이(Quynh Mai), MI&C

나는 세 살이 된 조카딸에게 역사 속의 앞선 시대를 살았던 훌륭한 여성들에 대해 계속 알려 주었다. 현재 조카는 마리 퀴리(Marie Curie)를 영웅으로 존경하며 자신도 박사가 되어 마리 퀴리처럼 사람들을 돕고 싶어 한다.

나오미 프라이드(Naomi Pryde), DWF LLP

아이의
롤 모델은
결국 부모다

아이는 존재하는 줄 아는 대상만을 꿈꿀 수 있습니다. 아이가 큰 꿈을 꾸고 포부까지 갖게 되려면 그게 가능한 일이라는 걸 깨달아야 하지요. 우리가 이야기를 들어 봤던 기업가와 비즈니스 리더들뿐 아니라 누구나 다 아는 유명 브랜드 다수의 창업자 역시, 어렸을 때 만난 지인과 가족에게 꿈과 미래에 큰 영향을 받았습니다.

경우에 따라 어떤 사람의 기술이 얼마나 복잡한 일인지를 알고 그 사람의 꼼꼼함과 투지를 흉내 내는 식으로 영향을 받기도 하고, 어떤 사람이 자신의 일과 삶의 가치를 다루는 방식을 보면서 영향을 받기도 했습니다. 각계각층의 다양한 사람들을 만나 이해해 볼 기회를 가지면, 목표를 세울 때 다각도에서 참고할 만한 점을 얻습니다.

미러링은 다른 사람의 행동이나 말이나 태도를 무의식적으로 따라 하는 현상이며, 친한 친구들과 가족 사이에서 보편적으로 일어납니다. 미러링은 서로 공감하면서 유대와 친밀감을 쌓으려는 인간의 욕구에 뿌리를 둔 행동이지만, 영향이 그 사람의 전 생애에 걸쳐 이어지면서 커리어, 관계, 사고방식을 좌우할 수도 있습니다.[98]

아이가 교류하는 사람들은 아이의 장래에 영향을 미칩니다. 아이에게 성공을 거두고 행복하게 살며 영감을 주는 사람들을 의도적으로 접하게 해 주면, 아이의 생각과 행동을 그런 방향으로 향하게 해 줄 수 있지요.

당신이 선택하는 말과 행동은 그것이 무엇이든 해도 되는 바람직한 행동을 판단하는 기준이 됩니다. 따라서 아이를 기업가형 인재로 키우기 위해서는 솔선수범이 가장 중요합니다.

수많은 기업가들이 어린 시절에 기업가의 롤 모델을 접했습니다. 비범한 자신감, 긍정성, 창의성, 문제 해결적 사고방식을 발휘하는 누군가를 접해, 그런 특성을 미러링하고 내면화하여 간직하면서 자신의 커리어를 선택하게 된 것이죠.

당신은 아이에게 가장 영향력 있는 롤 모델이 되기 마련입니다. 당신은 아이에게 진정한 기업가적 자질을 갖추는 데 필요한 기량과 성격을 부여할 힘이 있습니다. 당신이 아이에게 물어봐 주는 말, 당신이 세운 가치, 당신이 보여 주는 행동이 그런 힘을 발휘합니다.

앞으로 아이가 "정말 엄마랑 똑같구나"나 "어쩜 아빠랑 똑같네"와 같은 말을 듣고 좋아하게 만드는 것을 목표로 삼으십시오. 아이는 버릇, 태도, 외모는 물론이고 심지어 필적까지도 당신에게 영향을 받을 수 있습니다.

───────────────────────────────── 아이와 함께 실전 연습 ♐

다음과 같은 것에 대해 부모 스스로 점검해 보자.

☐ 아이가 미러링하길 바라는 습관과 아이가 미러링하지 않았으면 하는 습관은 무엇인가?
☐ 미러링하길 바라는 습관을 위해 무엇을 더 할 수 있고, 미러링하지 않았으면 하는 습관을 위해 아이 교육으로 무엇을 덜하면 될까?
☐ 아이가 이미 미러링하고 있다고 감지한 것은 무엇인가?
☐ 훌륭한 롤 모델이 되려면 어떻게 하는 게 좋을까?
☐ 당신이 어릴 때 봤거나, 경험해 보지 못해서 아쉬운 부분은 무엇인가?

제프 베이조스
Jeff Bezos

아마존의 창업자이자 CEO

세계 최고의 부자이며, 지금의 추세라면 2026년쯤 최초로
수조 달러대 갑부가 되리라 예상됨.

현재 '월등한 지능에 의욕이 넘치고 세밀함에 집착하는'[99] 사람으로 평가받는 베이조스는 어릴 때부터 사물의 작동 원리에 흥미를 보였다. 걸음마를 뗄 무렵에 드라이버로 아기 침대를 분해했는가 하면, 10대 때는 여동생과 남동생이 흥미로운 장난감이 많은 베이조스의 방에 들어오길 좋아하자 동생들이 가까이 오면 울리는 전기 알람도 만들었다.

베이조스는 열두 살 때 인피니티 큐브(Infinity Cube)라는 것을 갖고 싶어 했다. 모터가 달린 작은 거울로 이루어진 기기로, 거울끼리 서로 이미지를 반사해 이미지가 끊임없이 이어지는 것처럼 보였다. 가격이 20달러였지만 베조스에겐 그만한 돈이 없었다. 그래서 그 기기를 사는 대신 가진 돈으로 거울과 다른 부품을 사서 직접 만들었다.

베이조스의 부모님은 아들에게 그동안 만든 것들을 차고로 옮기라고 부탁했고, 이후 베이조스는 이 차고를 과학 프로젝트 연구실로 변신시켰다. 4학년부터 6학년까지는 휴스턴의 초등학교에 다녔다. 여름 방학이 되면 목장에서 일하며 배관을 깔고, 풍차를 고치고, 소들에게 백신 주사를 놓아 주는 등 이런저런 농장 일을 돌봤다.

고등학생 때는 맥도날드에서 조식 교대 시간에 요리 담당 아르바이트를 했다. 학교에서 첫 사업인 드림 인스티튜트(The DREAM Institute)를 시작하기도 했는데, 이것은 4, 5, 6학년생 대상의 교육 여름 캠프였다.

베이조스에게는 과학 지식이 해박하고 목장 일을 부지런히 돌보던 할아버지가 평생의 롤 모델이었다. 2010년에 프린스턴대의 졸업 축사에서 베조스는 졸업생들에게 "똑똑하기보다 친절하기가 더 힘들다"라는 할아버지의 가르침을 전했다.[100]

· 내 아이를 위한 1퍼센트의 비밀 _____

　나는 솔선수범을 보이는 것이 가장 중요한 일이라고 생각한다. 하루 24시간, 첨단 기술 시대가 도래한 뒤로 집에서도 일을 많이 하지만, 그 덕분에 아이들에게 근면성, 통찰력, 책임감, 자신의 일 즐기기 같은 가치를 접하게 해 주는 것 같다.

리자 베넷(Lisa Bennett), 칼투라(Kaltura)

　다섯 살 때 아버지는 우리를 버렸고, 어머니는 길바닥에 나앉지 않으려 온종일 일했다. 지금까지도 어머니는 나를 분발시켜 주는 원천이고 '열심히 일하자'라는 내 직업 정신의 뿌리이다. 바로 이런 직업 정신이 지금까지 사업을 잘 이끌어 온 근간이다.

　나는 열두 살 때 학교 가는 날에는 저녁, 주말과 휴일에도 농장에 가서 일했다. 갖고 싶은 것은 직접 벌어서 사야 한다는 걸 알았고, 그동안 어머니가 미용사, 청소부, 간병인으로 일해 온 모습을 봐서 힘든 일이 두렵지 않았다. 내 직업 정신과 기업가적 추진력은 오롯이 어머니의 솔선수범 덕분이다.

리 길(Lee Gill), 플로우 오피스 퍼니처 앤 인테리어스(Flow Office Furniture and Interiors)

　어머니는 보스턴대 로스쿨을 졸업한 최초의 여성 3명 중 한 명이었고 전액 장학금을 받기도 했다. 어머니는 나에게 성공은 쉽게 오지 않으며, 성공하려면 끈기를 갖고 전력을 다해 노력해야 한다고 가르쳐 주었다.

데이비드 스톤(David Stone), 포레이저(Forager)

도전하고 쟁취하는
아이가 나아가야 할 길

말랑말랑 작은 얼굴과 조그마한 몸을 하고 있던 아이가 언제 이렇게 자랐나 싶게 호기심 많은 아이로 커서 놀랐던 순간을 기억하나요? 어느새 키가 훌쩍 자란 아이를 느꼈던 순간은 어떤가요? 갓난쟁이 아이는 어느새 기어 다니고, 또 금세 걸음을 걷고, 어느새 당신과 입씨름을 벌이게 되었지요. 꼬맹이 아이는 금세 청소년이 되고, 그러다 성인이 되어 성공을 위해 세상으로 나갑니다.

이 책을 읽고 있는 당신은 이미 아이의 힘을 북돋기 위해 많은 순간순간을 할애한 사람일 것입니다. 이미 온갖 중요한 일을 하는 와중에도 아이를 적절한 방향으로 이끌어 주기 위해 일부러 시간을 내서, 여러 순간마다 아이가 더 잘 자라도록 이끌어 주었을 것입니다.

부모로 산다는 것은 힘든 일입니다. 요즘에는 많은 부모가 아이에게 삶의 기본을 익히게 해 주는 일조차 버거워합니다. 독자적으로 멘토링을 해 주고 기량을 익혀 주며 기회를 마련해 주려면 만만치 않지만, 이는 중요한 일입니다. 아이만이 아니라 당신을 위해서도 중요합니다. 당신이 아이에게 새로운 것을 시도하며 소중한 교훈을 배우게 하고, 아이의 도전 의지를 자극해 주며, 아이를 무엇인가를 미끼로 꾀어서 안전지대 밖으로 나서게 해 주는 그 순간마다 당신은 아이의 창의성, 영향력을 발견하도록 문을 열어 주는 것입니다.

결과적으로 이런 순간 중 어느 한 순간이 아이의 삶에서 가장 중요한 일이 된다면 어떻게 될까요? 당신이 이런저런 말을 하던 중에 어떤 말과 행동이 아이의 마음에 와 닿으며 아이가 중요한 인생행로에 들어선다면 어떨까요? 당신의 작은 반응이 아이에게 호기심을 자극하거나 자신감을 심어 주거나 어떤 기량을 가르쳐 주거나 더 재치 있는 사고를 하게 할지도 모릅니다. 이런 결과가 눈덩이처럼 불어나 아이가 20대에 이르러 훌륭한 선택을 내리고 30대에 중요한 활동을 해 세상에 아주 유익한 기여를 하게 될 것입니다. 이로써 부모로서 당신이 이루어 낸 가장 중요한 성취는 자신 있고 유능하고 온정적인 인간을 키워 낸 일이 될 수도 있지요.

세계의 대표적인 기업가와 변혁가는 대체로 어린 시절에 성공과 자신감을 채운 기억이 있습니다. 대영 제국 훈장(OBE)을 받은 미셸 몬 (Michelle Mone) 남작은 어린 시절에 스코틀랜드의 험준한 지역에서 가난에 시달리며 살았지만, 란제리 브랜드 울티모(Ultimo)를 성공시키며 갑부가 되었습니다. 그녀는 중국 식당에서 할머니가 가난에 찌든 환경을 벗어나 큰 꿈을 가질 수 있다며 격려해 준 말을 지금도 잊지 못합니다. 미셸 몬의 할머니는 돈이 많지도 않았고, OBE나 상원의 귀족 작위도 없었지만 필요한 순간에 미셸에게 중요한 영향을 주었습니다. 중국 요리를 먹으며 해 주었던 멘토링으로, 세상을 발전시킬 일이 이어지도록 길을 열어 주었지요. 현재 몬은 여러 중요한 자선 단체의 이사회 일원이고, 상원 의원으로 활동하며 수백 만 명의 삶에 영향을 미칠 만한 정책에 기여하고 있습니다.

자수성가한 인도의 억만장자 바빈 투라키아(Bhavin Turakhia)는 아버지에게 "물리학의 기본 법칙을 깨뜨리지 않는 한, 네가 마음먹은 일은 무엇이든 할 수 있다"[101]라는 말을 수백 번쯤 들었다고 합니다. 결국 그는 이런 조언과 350달러의 대출금으로 세계적 사업을 세우고, 집안의 부를 일구며, 수천 명의 기업가에게 영감도 주는 인물이 되었습니다. 〈포브스〉에서 바빈의 아버지를 커버 사진으로 실은 적은 없지만, 그 아버지가 없었다면 억만장자 아들도 나오지 못했을 것입니다. 아버지가 아들의 정신에 적절한 소프트웨어를 깔아 준 덕분에 가치 있는 소프트웨어 기업이 존재하게 된 셈이지요.

리처드 브랜슨(Richard Branson)은 어린 시절 어머니 이브의 역할에 대한 얘기를 자주 꺼냅니다. 브랜든은 수십 개의 업계에 혁신을 일으키고, 양질의 일자리 수천 개를 만들어 내며, 수백 만 명의 사람들에게 영향을 미치는 길로 들어선 것의 공로를 유년기의 경험으로 돌립니다. 리처드 브랜슨 경은 모든 시대를 통틀어 최고의 기업가이자 변혁가 중 한 명으로 기억될 만한 인물이지만, 본인이 먼저 밝히고 있듯 어머니가 자신을 길러 준 진취적 투지가 없었다면 그런 성공의 경로에 들어서지 못했을지도 모릅니다. 이 책을 통해 상위 1퍼센트 부자와 리더들이 어떻게 기업가형 인재로 성장했는지 사례를 보셨을 것입니다.

현재의 세계는 어느 때보다도 큰일을 해낼 수 있는 리더가 절실합니다. 자칫, 지구 환경을 회복이 불가능한 수준으로 파괴시킬 만한 아슬아슬한 시기에 놓여 있습니다. 대기 중으로 화학물질을 뿜어 대고, 바다에 플라스틱 쓰레기를 버리며, 지구 인구의 절반 이상에게 도움도 되지 않는 방식으로 자원을 분배하고 있지요. 이에 따라 유엔에서는 광대한 생태계나 한 종으로서의 인류의 생존에 초점을 맞추어 지속 가능 발전 목표 17개를 결의하기도 했습니다.

이 책에서는 유엔의 지속 가능 발전 목표 네 번째인 양질의 교육, 여덟 번째인 좋은 일자리 확대와 경제 성장, 열 번째인 불평등 해소를 기꺼이 지지하지만, 17개의 문제 모두가 투자와 시장이 지지할 만한 확장성 있고 가치 있는 해법을 내놓는 누군가가 나타나길 기다려 볼 기회이기도 합니다.

확신컨대, 당신도 부모나 보호자로서 이런 문제에 주목하지 않을 수 없을 것입니다. 이 문제는 아이가 세상에 나갈 때까지 전부 다 해결되진 못할 테지만, 훌륭한 리더십과 창의적 사고를 통해 어느 정도 해결할 수 있습니다. 세상에는 중요한 문제를 적절히 해결할 수 있는 사람이 더 많이 필요합니다. 아이디어를 정교히 실행시키고 가치 있는 무엇인가를 일으킬 수 있는 사람이 필요합니다. 창의적 반란자, 변혁가, 온정 있는 리더, 혁신적 기업가 들이 필요하지요.

여기에서 관건은 문제를 적절히 해결하는 것입니다. 당신이 아이를 기업가형 인재로 키운다면, 어떤 식으로든 더 나은 세상을 위해 힘을 실어 줄 미래의 리더가 되도록 기반을 다져 줘야 합니다. 여기에서 핵심은 아이를 부자로 만드는 일이 아니라, 아이가 변화를 일으킬 수 있는 성인으로 자라도록 자신감과 기량을 키워 주고 기회를 마련해 주는 것입니다.

지난 100년 동안 기회는 운동화를 만들거나 햄버거 매장을 세우거나 모든 사람이 가정이나 주머니 속에 개인용 컴퓨터를 소지하게 해주는 것과 관련된 분야에 있었습니다. 이런 기회는 현재 성장률과 경쟁이 둔화되는 성숙기에 이르렀고 이미 포화 상태입니다. 이제 앞으로 100년 동안의 기회는 지구 전체가 직면한 문제의 해결과 관련된 분야에 있을 것입니다. 지속 가능 에너지, 플라스틱 쓰레기 처리, 새로운 식량 생산 방식의 개발, 교육 개혁, 빈곤 종식 등을 통해 억만장자가 등장하게 될 것입니다.

유산(遺産)이라는 말은 혼동되기 일쑤이지만, 유산의 진정한 의미는 무엇인가를 전해 주는 것입니다. 당신의 지식, 경험, 통찰을 아이에게 전해 주는 것이 바로 유산을 만드는 것이며, 이것은 누구나 할 수 있습니다. 우리가 키우는 아이가 지금은 상상할 수도 없는 방식으로 우주에 영향을 주는 일도 충분히 가능합니다.

당신이 남긴 유산이 평가될 때, 당신이 이룬 성취보다 아이가 당신의 사려 깊은 양육 방식으로 이루어 내는 성취가 더 클 수도 있습니다. 이 책이 바로 그런 유산을 남길 출발점입니다.

부디 여러분이 이 책을 즐겁게 읽었길 바라며, 어떤 변화를 이끌어 냈는지 궁금합니다.

clevertykes.com/book를 방문해서 더 많은 얘기를 읽어 보고 자료와 영감을 얻길 권하며, 다음의 활동도 하시길 바랍니다.

· 채점표 얻기

· 당신의 이야기 보내기

· 함께 활용해 볼 플레이북 찾아보기

· 기업가 이야기를 직접 메일로 받아 보기

· 저자들이 나눈 인터뷰 보기

· 페이스북 가입

· 무료 다운로드 및 회원용 자료 보기

| 주 |

• **1장** 무엇이 자녀를 상위 1퍼센트로 만들까 •

1. Morrow, D, 'Excerpts From an Oral History Interview with Lawrence Ellison, President and CEO Oracle Corporation', Smithsonian Institution Oral and Video Histories, 1995, https://americanhistory.si.edu/comphist/le1.html, 접속일 2020년 8월 5일

2. Farzan, A, 'From A College Dropout To A $54 Billion Fortune', Business Insider, 2015, www.businessinsider.com/rags-to-riches-story-of-larry-ellison-2015-5?r=US&IR=T, 접속일 2020년 10월 20일

3. 로버트 기요사키, 《부자 아빠 가난한 아빠》(Plata Publishing, Second edition, 2017)

4. Collinson, P, 'One in Three UK Millennials Will Never Own a Home', The Guardian, 2018, www.theguardian.com/money/2018/apr/17/one-in-three-uk-millennialswill-never-own-a-home-report, 접속일 2020년 8월 5일

5. Quin, M, 'UK Personal Debt Levels Continue to Rise', 2018, www.moneyexpert.com/debt/uk-personal-debt-levels-continue-rise, 접속일 2020년 8월 5일

6. Guest Writer, 'All About Esther Afua Ocloo: A successful businesswoman', Scoop Empire, 2020, https://scoopempire.com/all-about-esther-afua-oclooa-successful-businesswoman, 접속일 2020년 8월 5일

7. 월 듀런트, 《철학이야기》(Pocket Books, Second edition, January 1991)

8. Itzler, J, Living with a SEAL: 31 days training with the toughest man on the planet (Center Street, Reprint edition, January 2017)

9. Cook, J, 'Season 1, Episode 16: Carrie Green, founder of the Female Entrepreneur Association' [podcast], Creating Useful People, 2016, http://podcast.clevertykes.com/204516/1856704-carrie-green-founder-ofthe-female-entrepreneur-association, 접속일 2020년 8월 4일

10. Amin Toufani가 내린 정의를 인용함, www.adaptability.org

11. Fratto, N, '3 Ways to Measure Your Adaptability – and How to Improve' [TED talk], May 2019, www.ted.com/talks/natalie_fratto_3_ways_to_measure_your_adaptability_and_how_to_improve_it/transcript?language=en, 접속일 2020년 8월 5일

12. Razak, A, and Rossi, A, 'An Investigation into the Micro-dynamics of Routine Flexibility', Semantic Scholar, 2017, www.semanticscholar.org/paper/Aninvestigation-into-the-micro-dynamics-of-routine-Razak-Rossi/17db3f5556169053a16d4643fc103b02c96ddd13

13. Strauss, N, 'Elon Musk: The architect of tomorrow', Rolling Stone, 2017, www.rollingstone.com/culture/culture-features/elon-musk-the-architect-oftomorrow-120850, 접속일 2020년 8월 5일

14. Suter, A, 'Elon Musk – The Tech Genius and His Visions for the Future Avatar', Techstory, 2018, https://techstory.in/elon-musk-tech-genius/, 접속일 2020년 8월 5일

15. Feloni, R, '"Shark Tank" Investor Daymond John Explains How His Mom Helped FUBU Become A $350 Million Company', Business Insider, 2015, finance.yahoo.com/news/shark-tank-investor-daymond-john-180122915.html, 접속일 2020년 10월 20일

16. Blanco, O, 'Daymond John on Hip-Hop, His Mom and Making It Big', CNN Money, https://money.cnn.com/interactive/economy/my-american-success-storydaymond-john/index.html, 접속일 2020년 8월 6일

17. Tan, S Y, and Yip, A, 'Hans Selye (1907-1982): Founder of the stress theory', 2018, Singapore Med J, 59(4): 170-71, www.ncbi.nlm.nih.gov/pmc/articles/PMC5915631, 접속일 2020년 8월 4일

18. Chris Gardner website, www.chrisgardnermedia.com/biography, 접속일 2020년 8월 6일

19. Yang, J, '"Happyness" For Sale: He's gone from homeless single dad to successful stockbroker', CNN Money, 2006, https://money.cnn.com/magazines/fortune/fortune_archive/2006/09/18/8386184/index.htm, 접속일 2020년 8월 6일

20. Gordon, D, 'Chris Gardner: The homeless man who became a multi-millionaire investor', Business Reporter, December 2016, www.bbc.co.uk/news/business-38144980, 접속일 2020년 8월 5일

21. Seuss, Dr, Happy Birthday to You! (Random House, 1959)

22. www.twainquotes.com/Majority.html, directory of Mark Twain's maxims, quotations and various opinions, 접속일 2020년 8월 6일

23. Stych, A, 'Self-checkouts Contribute to Retail Jobs Decline', Bizwomen, 2019, www.bizjournals.com/bizwomen/news/latest-news/2019/04/self-checkoutscontribute-to-retail-jobs-decline.html?page=all, 접속일 2020년 8월 6일

24. Hawkins, A, 'Uber is Bringing Its Self-driving Cars to Dallas', The Verge, 2019, www.theverge.com/2019/9/17/20870969/uber-self-driving-car-testing-dallas, 접속일 2020년 8월 6일

25. Frey, C B, and Osborne, M, 'Working Paper: The future of employment', Oxford Martin Programme on Technology and Employment, 2013, www.oxfordmartin.ox.ac.uk/downloads/

academic/future-of-employment.pdf, 접속일 2020년 8월 6일

26. Branson, R, 'My Mother's Unconventional Parenting Lessons', Virgin.com, 2016, www.virgin.com/richard-branson/my-mothers-unconventional-parentinglessons, 접속일 2020년 8월 6일

27. 팀 페리스, 《타이탄의 도구들(Tools of Titans)》(Vermilion, First edition, 2016)

28. Ferriss, T, 'Real Mind Control: The 21-day no-complaint experiment' [blog], 2017, https://tim blog/2007/09/18/real-mind-control-the-21-day-no-complaintexperiment

29. McKay, B, et al., 'Never Complain; Never Explain' [blog], Art Of Manliness, 2016, www.artofmanliness.com/articles/never-complain-never-explain, 접속일 2020년 8월 5일

• 2장 상위 1퍼센트 자녀로 키우는 기술 •

30. Associated Press, 'The World Health Organization Says If Your Baby is Younger Than 1 Year Old, They Should Spend No Time in Front of Your Smartphone', Business Insider, 2019, www.businessinsider.com/world-health-organizationreleases-new-screen-time-guidance-for-babies-2019-4, 접속일 2020년 8월 6일

31. Akhtar, A, et al., 'Bill Gates and Steve Jobs Raised Their Kids with Limited Tech – and It Should Have Been a Red Flag About Our Own Smartphone Use', Business Insider, 2020, www.businessinsider.com/screen-time-limits-bill-gates-stevejobs-red-flag-2017-10?r=US&IR=T, 접속일 2020년 8월 6일

32. Andersson, H, 'Social Media Apps Are "Deliberately" Addictive to Users', BBC Panorama, 2018, www.bbc.co.uk/news/technology-44640959, 접속일 2020년 8월 6일

33. Altucher, J, '20 Things I've Learned From Larry Page', 2015, Medium, https://medium.com/the-mission/20-things-i-ve-learned-from-larry-page-4f83674a1a52, 접속일 2020년 8월 6일

34. Page, L, 'Want to Change the World? Have Fun', Newsroom, 2018, www.morningfuture.com/en/article/2018/03/30/larry-page-google-workfuture-innovation/262, 접속일 2020년 8월 6일

35. Kelly, K, '68 Bits of Unsolicited Advice' [blog], The Technium, 2020, https://kk.org/thetechnium/68-bits-of-unsolicited-advice/?mc_cid=32f8068abf&mc_eid=5b1af35cae, 접속일 2020년 8월 4일

36. 제임스 알투처, 《과감한 선택: 일자리가 사라지는 시대의 필연적인 요구》(CreateSpace Independent Publishing Platform, 2013)

37. Cook, J, 'Season 1, Episode 17: Sara Davies' [podcast], Creating Useful People, 2019, http://podcast.clevertykes.com/204516/2148512-sara-davies-founderof-crafter-s-companion

38. 아리아나 허핑턴, 《제3의 성공: 더 가치 있게 더 충실하게 더 행복하게 살기》(WH Allen, 2015)

39. Kidder, D, 'How Spanx Came to Be: A girl was allowed to sit and think', Quartz, 2013, https://qz.com/65713/how-spanx-came-to-be-a-girl-wasallowed-to-sit-and-think, 접속일 2020년 8월 5일

40. Loudenback, T, 'Spanx Founder Sara Blakely Learned an Important Lesson About Failure From Her Dad – Now She's Passing It on to Her 4 Kids', Business Insider, 2018, www.businessinsider.com/spanx-founder-sara-blakely-redefinefailure-2016-10?r=UK, 접속일 2020년 8월 5일

41. PPC Evolved, 'Phone Anxiety Affects Over Half of UK Office Workers', 2019, https://ffb.co.uk/blog/630-phone-anxiety-affects-over-half-of-uk-officeworkers, 접속일 2020년 8월 6일

42. Chapelton, T, 'How Can Young Children Best Learn Languages?', The British Council, 2016, www.britishcouncil.org/voices-magazine/how-can-youngchildren-best-learn-languages, 접속일 2020년 8월 6일

43. 'Jack Ma', Forbes, www.forbes.com/profile/jack-ma/?list=rtb/#4732e5f91ee4, 접속일 2020년 8월 6일

44. Stone, M, et al, 'Jack Ma is Resigning From SoftBank's Board', Business Insider, 2020, www.businessinsider.com/inspiring-life-story-of-alibaba-founder-jackma-2017-2?r=US&IR=T, 접속일 2020년 8월 6일

45. 기시미 이치로, 《미움받을 용기: 자유롭고 행복한 삶을 위한 아들러의 가르침》(Allen & Unwin, 2019)

46. 로저 피셔, 윌리엄 유리 공저, 《Yes를 이끌어 내는 협상법》(Random House Business, 2012)

47. 'The Battle for the Orange', The Compasito Manual On Human Rights Education For Children, Chapter 4, www.eycb.coe.int/compasito/chapter_4/4_30.asp

48. Vaynerchuk, G, 'How to Give Your Kids Confidence and Self-Esteem' [video], 2019, www.facebook.com/gary/videos/vb.51535068349/309689463040557/?type=2&theater, 접속일 2020년 8월 6일

49. Gary Vaynerchuk website, www.garyvaynerchuk.com/for-tamara-and-all-theother-moms, 접속일 2020년 8월 6일

50. Stangor, C, Principles of Social Psychology, 2012, https://opentextbc.ca/socialpsychology

51. 'A Framework for Character Education in Schools', The Jubilee Centre for Character & Virtues, 2017, www.jubileecentre.ac.uk/userfiles/jubileecentre/pdf/character-education/Framework%20

for%20Character%20Education.pdf

52. 'Amancio Ortega Gaona Biography: Success story of Zara co-founder', Astrum People, https://astrumpeople.com/amancio-ortega-gaona-biography, 접속일 2020년 8월 6일

• 3장 상위 1퍼센트 부모의 차이 나는 생각 •

53. 'Mark Zuckerberg Biography (1984–)', Biography, 2019, www.biography.com/business-figure/mark-zuckerberg, 접속일 2020년 8월 6일

54. Murphy Jr, B, 'Want to Raise Entrepreneurial Kids? Mark Zuckerberg's Dad Says Do These Things', Inc., www.inc.com/bill-murphy-jr/want-to-raiseentrepreneurial-kids-mark-zuckerbergs-dad-says-do-these-things.html, 접속일 2020년 8월 6일

55. Wai, J, 'The Chess Concepts Peter Thiel Used to Become a Billionaire', Business Insider, 2012, www.businessinsider.com/the-chess-concepts-thattaught-peter-thiel-how-to-become-a-billionaire-2012-6?r=US&IR=T, 접속일 2020년 8월 6일

56. Gilliland, J, 'Hershey, Milton Snavely', American National Biography, 1999, www.anb.org/view/10.1093/anb/9780198606697.001.0001/anb-9780198606697-e-1000772;jsessionid=4CB C321B4C50CDD4109A7FD1553D53EA, 접속일 2020년 8월 6일

57. Chappelow, J, 'Keynesian Economics', Investopedia, www.investopedia.com/terms/k/keynesianeconomics.asp, 접속일 2020년 8월 5일

58. Cook, J, 'Season 1 Episode 9: Deepak Tailor, founder of LatestFreeStuff. co.uk' [podcast], Creating Useful People, 2018, http://podcast.clevertykes.com/204516/808702-deepak-tailor-founder-of-latestfreestuff-co-uk, 접속일 2020년 8월 4일

59. 'Ingvar Kamprad Biography: Success story of IKEA founder', Astrum People, https://astrumpeople.com/ingvar-kamprad-biography-success-story-of-ikeafounder, 접속일 2020년 8월 6일

60. 'Ingvar Kamprad Biography: Success story of IKEA founder', Astrum People, https://astrumpeople.com/ingvar-kamprad-biography-success-story-of-ikeafounder, 접속일 2020년 8월 6일

61. Aughtmon, S, 'IKEA Founder on the Value of 10 Minutes (Motivational Business Quotes)', Bay Business Help, 2018, https://baybusinesshelp.com/2018/01/08/ikea-founder-on-the-value-of-10-minutes-motivational-business-quotes, 접속일 2020년 8월 6일

62. Allcott, G, How to Be a Productivity Ninja: Worry less, achieve more and love what you do (Icon

Books, Second edition, 2016)

63. 'John Paul Dejoria', Forbes, www.forbes.com/profile/john-pauldejoria/#3fd5396224a4, 접속일 2020년 8월 6일

64. 'John Paul Dejoria: From homeless single father to billionaire', Anisometric, 2019, www.anisometric-inc.com/john-paul-dejoria-from-homeless-single-father-tobillionaire, 접속일 2020년 8월 6일

• 4장 자녀에게 물려 주는 평생의 성공 습관 •

65. 'How Would the Person I Would Like to Be, Do the Things I'm About to Do?', Female Entrepreneur Association, https://femaleentrepreneurassociation.com/2012/04/how-would-the-person-i-would-like-to-be-do-the-things-imabout-to-do, 접속일 2020년 8월 4일

66. 'Top 20 Thomas Edison Quotes to Motivate You to Never Quit', Goalcast, 2017, www.goalcast.com/2017/05/11/thomas-edison-quotes-motivate-never-quit, 접속일 2020년 8월 6일

67. Haralabidou, A, 'The Philosophy of Epic Entrepreneurs: Thomas Edison & the Vagabonds', Virgin, October 2015, ww.virgin.com/entrepreneur/philosophyepic-entrepreneurs-thomas-edison-vagabonds, 접속일 2020년 8월 5일

68. Young, V, 'Jo Malone – "I'm Still the Girl That Made Good"', Woman and Home, October 2016, www.womanandhome.com/life/books/exclusive-jo-malone-im-still-the-girl-that-made-good-65359, 접속일 2020년 8월 5일

69. 'Jo Malone Biography', Encyclopaedia of World Biography, www.notablebiographies.com/newsmakers2/2004-Ko-Pr/Malone-Jo.html, 접속일 2020년 8월 6일

70. 'Jack Dorsey Biography: Success story of Twitter co-founder', Astrum People, https://astrumpeople.com/jack-dorsey-biography-success-story-of-twitterco-founder, 접속일 2020년 8월 6일

71. Jack Dorsey, 'The Innovator' [video], 2013, www.youtube.com/watch?v=eKHoTOYTFH8&t=7s, 접속일 2020년 8월 4일

72. Shpancer, N, 'What Doesn't Kill You Makes You Weaker', Psychology Today, 2010, www.psychologytoday.com/gb/blog/insight-therapy/201008/what-doesntkill-you-makes-you-weaker#:~:text=Friedrich%20Nietzsche%2C%20the%20German%20philosopher,to%20resonate%20within%20American%20culture, 접속일 2020년 8월 5일

73. Wherry, J, 'The Influence of Home on School Success', NAESP.org, 2004, www.naesp.org/sites/default/files/resources/2/Principal/2004/S-Op6.pdf, 접속일 2020년 8월 5일

74. Sheils, J, The Family Board Meeting: You have 18 summers to create lasting connection with your children (18 Summers Media, August 2018)

75. 'Charlie "Tremendous" Jones', Tremendous Leadership, https://tremendousleadership.com/pages/charlie, 접속일 2020년 8월 5일

76. 샘 맥브래트니, 《내가 아빠를 얼마나 사랑하는지 아세요?》(Walker Books, 1994)

77. 에밀리 윈필드 마틴, 《네가 만들어 갈 경이로운 인생들》(Random House Books, 2015)

78. Seuss, Dr, Oh, the Places You'll Go! (Random House Books, Illustrated edition, 1990)

79. The Clever Tykes series (JayBee Media Limited, 2014)

80. Syed, M, You Are Awesome (Wren & Rook, 2018)

81. 앤서니 라빈스, 《네 안에 잠든 거인을 깨워라: 무한 경쟁 시대의 최고 지침서》(Simon & Schuster, 1992)

82. 팀 페리스, 《나는 4시간만 일한다: 디지털 노마드 시대 완전히 새로운 삶의 방식》(Harmony, Updated edition, 2009)

83. 마이클 거버, 《사업의 철학: 성공한 사람들은 절대 말해 주지 않는 성공의 모든 것》(HarperBusiness, 2004)

84. 제임스 클리어, 《아주 작은 습관의 힘: 최고의 변화는 어떻게 만들어지는가》(Avery, 2018)

85. 앤절라 더크워스, 《그릿: IQ, 재능, 환경을 뛰어넘는 열정적 끈기의 힘》(Scribner, 2016)

86. 로버트 기요사키, 《부자 아빠 가난한 아빠》(Plata Publishing, Updated edition, 2017)

87. Priestley, D, Key Person of Influence (Rethink Press, Updated edition, 2020)

88. Houri, S, 'Why is Music So Powerful?', Medium, 2018, https://medium.com/theascent/why-is-music-so-powerful-e9dc8cf26607, 접속일 2020년 8월 5일

89. 'Try Everything' by Shakira, written by Furler, S, Hermansen, T, and Eriksen, M, 2016, Walt Disney

90. 'Let It Go' by Idina Menzel, written by Anderson-Lopez, K, and Lopez, R, 2014, Walt Disney

91. 'This Is Me' by Keala Settle and The Greatest Showman ensemble, written by Pasek, B, and Paul, J, 2017, Atlantic

92. 'Firework' by Katy Perry, written by Perry, K, Eriksen, M, Hermansen, E, et al., 2010, Capitol

93. 'Never Give Up' by Sia, written by Furler, S, and Kurstin, G, 2016, Monkey Puzzle

94. 'Watch Me Shine' by Joanna Pacitti, produced by Dino (Dean Esposito), 2001.

95. Haralabidou, A, 'The Philosophy of Epic Entrepreneurs: Estée Lauder', Virgin, 2015, www.virgin.com/entrepreneur/philosophy-epic-entrepreneurs-esteelauder, 접속일 2020년 8월 5일

96. Haralabidou, A, 'The Philosophy of Epic Entrepreneurs: Estée Lauder', Virgin, 2015, www.virgin.com/entrepreneur/philosophy-epic-entrepreneurs-esteelauder, 접속일 2020년 8월 5일

97. Howard Schultz website, www.howardschultz.com/my-story, 접속일 2020년 8월 5일

98. Shellenbarger, S, 'Use Mirroring to Connect with Others', Wall Street Journal, 2016, https://www.wsj.com/articles/use-mirroring-to-connect-withothers-1474394329, 접속일 2020년 8월 5일

99. 'Jeff Bezos Biography and Success Story | Richest Man On Earth', TNN, 2020, www.trendingnetnepal.com/jeff-bezos-biography, 접속일 2020년 8월 5일

100. Sun, C, 'Jeff Bezos: 9 remarkable choices that shaped the richest man in the world', Entrepreneur Europe, 2018, www.entrepreneur.com/slideshow/307224, 접속일 2020년 8월 5일

101. 대니얼 프리스틀리와 가진 인터뷰

세계 부자 150명이 실천하고 있는 내 아이 부자 수업

상위 1퍼센트 자녀교육의 비결

인쇄일 2021년 4월 29일
발행일 2021년 5월 6일

지은이 조디 쿡, 대니얼 프리스틀리
옮긴이 정미나
펴낸이 유경민 노종한
기획마케팅 1팀 우현권 **2팀** 정세림 금슬기 최지원 현나래
기획편집 1팀 이현정 임지연 **2팀** 김형욱 박익비 **라이프팀** 박지혜
책임편집 박지혜
디자인 남다희 홍진기
펴낸곳 유노라이프
등록번호 제2019-000256호
주소 서울시 마포구 월드컵로20길 5, 4층
전화 02-323-7763 **팩스** 02-323-7764 **이메일** uknowbooks@naver.com

ISBN 979-11-91104-12-7 (13590)